全国电力高职高专"十二五"规划教材

工科专业基础课系列教材

中国电力教育协会审定

工程制图与识图

全国电力职业教育教材编审委员会　组　编

阮予明　黄　洁　主　编

李富波　吴育钊　周冬妮　郑　垚　副主编

林党养　主　审

U0251256

中国电力出版社

CHINA ELECTRIC POWER PRESS

内 容 提 要

本书为全国电力高职高专"十二五"规划教材,工科专业基础课系列教材。

本书采用任务驱动的方式编写,突出工作实践,以实际任务为引导,通过任务描述—知识准备—任务实施—技能训练的思路与顺序完成具体任务,在此过程中掌握相关知识和技能。

本书将传统手工绘图与CAD技术结合,并融入电气工程图样的绘制,充分体现职业性。全书分八个项目,主要内容包括工程制图的基本知识和技能、基本体及截切体、组合体视图、机件的表示法、工程图样的识绘、AutoCAD平面图形的绘制、AutoCAD机械图样的绘制、AutoCAD电气工程图的绘制。通过任务实施,掌握工程图样的读识、零部件的测绘以及应用CAD技术绘制工程图样的基本技能。

本书可作为高职高专工科各专业工程制图课程的教材,也可供相关工程技术人员参考使用。

图书在版编目 (CIP) 数据

工程制图与识图/阮予明,黄洁主编;全国电力职业教育教材编审委员会组编. —北京:中国电力出版社,2013.8

全国电力高职高专"十二五"规划教材 工科专业基础课系列教材

ISBN 978-7-5123-4697-0

Ⅰ.①工… Ⅱ.①阮…②黄…③全… Ⅲ.①工程制图-高等职业教育-教材②工程制图-识别-高等职业教育-教材 Ⅳ.①TB23

中国版本图书馆 CIP 数据核字(2013)第 158732 号

中国电力出版社出版、发行

(北京市东城区北京站西街 19 号 100005 http://www.cepp.sgcc.com.cn)

航远印刷有限公司印刷

各地新华书店经售

*

2013 年 8 月第一版 2013 年 8 月北京第一次印刷

787 毫米×1092 毫米 16 开本 11.75 印张 279 千字

定价 **23.00** 元

全国电力职业教育教材编审委员会

主　任	薛　静				
副主任	张薛鸿	赵建国	刘广峰	马晓民	杨金桃	王玉清
	文海荣	王宏伟	王宏伟(女)	朱　飙	何新洲	李启煌
	陶　明	杜中庆	杨建华	周一平		
秘书长	鞠宇平	潘劲松				
副秘书长	刘克兴	谭绍琼	武　群	黄定明	樊新军	

委　员（按姓氏笔画顺序）

丁　力	马敬卫	方舒燕	毛文学	王　宇	王火平
王玉彬	王亚娟	王俊伟	兰向春	冯　涛	任　剑
刘家玲	刘晓春	汤晓青	阮予明	齐　强	佟　鹏
余建华	吴金龙	吴斌兵	宋云希	张小兰	张进平
张惠忠	李建兴	李高明	李道霖	李勤道	陈延枫
屈卫东	罗红星	罗建华	郑亚光	郑晓峰	胡　斌
胡起宙	饶金华	倪志良	郭连英	盛国林	章志刚
黄红荔	黄益华	黄蔚雯	龚在礼	曾旭华	董传敏
解建宝	廖　虎	潘汪杰	操高城	戴启昌	

出版说明

为深入贯彻《国家中长期教育改革和发展规划纲要（2010—2020）》精神，落实鼓励企业参与职业教育的要求，总结、推广电力类高职高专院校人才培养模式的创新成果，进一步深化"工学结合"的专业建设，推进"行动导向"教学模式改革，不断提高人才培养质量，满足电力发展对高素质技能型人才的需求，促进电力发展方式的转变，在中国电力企业联合会和国家电网公司的倡导下，由中国电力教育协会和中国电力出版社组织全国 14 所电力高职高专院校，通过统筹规划、分类指导、专题研讨、合作开发的方式，经过两年时间的艰苦工作，编写完成全国电力高职高专"十二五"规划教材。

本套教材分为电力工程、动力工程、公共基础课、工科专业基础课、学生素质教育五大系列。其中，工科专业基础课系列汇集了电力行业高等职业院校专家的力量进行编写，各分册主编为该课程的教学带头人，有丰富的教学经验。教材以行动导向形式编写而成，既体现了高等职业教育的教学规律，又融入电力行业特色，适合高职高专工科专业基础课的教学，是难得的行动导向式精品教材。

本套教材的设计思路及特点主要体现在以下几方面。

（1）按照"行动导向、任务驱动、理实一体、突出特色"的原则，以岗位分析为基础，以课程标准为依据，充分体现高等职业教育教学规律，在内容设计上突出能力培养为核心的教学理念，引入国家标准、行业标准和职业规范，科学合理设计任务或项目。

（2）在内容编排上充分考虑学生认知规律，充分体现"理实一体"的特征，有利于调动学生学习积极性，是实现"教、学、做"一体化教学的适应性教材。

（3）在编写方式上主要采用任务驱动、行动导向等方式，包括学习情境描述、教学目标、学习任务描述、任务准备、相关知识等环节，目标任务明确，有利于提高学生学习的专业针对性和实用性。

（4）在编写人员组成上，融合了各电力高职高专院校骨干教师和企业技术人员，充分体现院校合作优势互补，校企合作共同育人的特征，为打造中国电力职业教育精品教材奠定了基础。

本套教材的出版是贯彻落实国家人才队伍建设总体战略，实现高端技能型人才培养的重要举措，是加快高职高专教育教学改革、全面提高高等职业教育教学质量的具体实践，必将对课程教学模式的改革与创新起到积极的推动作用。

本套教材的编写是一项创新性的、探索性的工作，由于编者的时间和经验有限，书中难免有疏漏和不当之处，恳切希望专家、学者和广大读者不吝赐教。

全国电力职业教育教材编审委员会

前　言

本书依据高等职业教育工程制图与识图课程目标，围绕完成典型工作任务所必需的知识、能力和素质要求，密切结合岗位需求和职业发展的需要，遵循"知识传授、技能训练、素质养成"三位一体并行的原则，重新提炼、整合教学内容；以培养学生机械图样的绘图、识图能力为主线，设计合理有效的学习性工作任务，明确每个任务的学习目标，并按照由易到难的渐进顺序设计学习任务，选定教学方法，规划教学过程；以完成工作任务和学习后续课程需要为目的，选取和组织知识学习和技能训练的内容。

1. 编写思路

（1）本书在编写上以学生为中心，以就业为导向，遵循高等职业教育规律，由浅入深、由易到难，循序渐进，体现职业教育特色。

（2）突出职业教育"做中学、做中教"的理念。采用任务模式编排，通过工作任务引出相关知识点和技能点，强调课堂互动。

（3）突出实践教学环节，"技能训练"模块贴近工程实际，强调团队协作，以加强学生实践能力及职业能力的培养。

（4）贯彻最新颁布的《机械制图》、《技术制图》及相关国家标准。

2. 教材特点

（1）打破传统课程内容的结构，设计了符合课程特点的学习项目和学习任务，以任务为载体，引领和组织知识、技能的学习，实现了"理实一体、任务驱动、做学相济"的设计思想。

（2）本书采用最新《技术制图》和《机械制图》国家标准，引用 AutoCAD 新版本为绘图平台，及时反映新知识、新技术、新工艺和新方法，突出实践应用教学，具有职业教育特色；内容翔实，通俗易懂，图例典型，分析全面。

（3）采用"做中学、做中教，理实一体"的编写模式，以不同的学习任务组织相关的知识、技能，将基本知识学习和制图技能训练相结合；书中配有"小提示"、"技能训练"、"小技巧"、"知识拓展"等，可操作性强，学习上手快；采用任务驱动、示例教学，便于学生理解和接受，激发了学生的学习兴趣和积极性，有效培养了学生动手操作能力和制图的基本技能。

（4）技能训练后面附有考核标准，方便教师对学生学习和训练情况进行考核与评价，达到以评促学的目的。

（5）本书另配有《全国电力高职高专"十二五"规划教材　工科专业基础课系列教材　工程制图与识图习题集》，以便学生练习与讨论。

本书由福建电力职业技术学院阮予明、西安电力高等专科学校黄洁担任主编，福建电力职业技术学院吴育钊、周冬妮，郑州电力高等专科学校李富波，山西电力职业技术学院郑垚担任副主编，福建电力职业技术学院王燕、郑州电力高等专科学校李诣参与编写。其中，阮予明编写项目1，黄洁编写项目2，李富波编写项目3，郑垚编写项目4，吴育钊编写项目5，周冬妮编写项目6～8。

本书由福建电力职业技术学院林党养主审，并提出了宝贵的意见和建议，在此表示由衷的感谢。

由于时间仓促，作者水平有限，教材中不足之处在所难免，欢迎同仁及广大读者批评指正。

编　者

2013.5

目　录

项目 1

工程制图的基本知识和技能

【项目描述】

工程图样是工程界用于表达设计思想和进行技术交流的工具，作为交流的共同技术语言，必须有统一的规范，否则会给生产和技术交流带来混乱和障碍。因此，国家质量监督总局发布了《技术制图》和《机械制图》等一系列国家标准。我国国家标准（简称"国标"）的代号是 GB。《机械制图》标准适用于机械图样，而《技术制图》标准则普遍适用于工程界各种专业技术图样。

【教学目标】

（1）掌握制图标准中的图纸幅面、比例、尺寸标注等基本规定及常用图线的应用。

（2）掌握常用平面图形的分析方法与作图步骤。

（3）初步掌握三视图的作图方法及识绘简单三视图。

任务 1.1　识绘简单平面图形

【教学目标】

（1）熟悉图纸幅面、格式、字体、图线、尺寸标注的规定。

（2）掌握常用图线的线型及应用。

（3）学会使用常用的尺规绘图工具。

（4）掌握常用平面图形的分析方法与作图步骤。

【任务描述】

手柄及其平面图形如图 1-1 所示，按如图 1-1（b）所示，将手柄的平面图形绘制在 A4 图纸上，并标注尺寸。

【知识准备】

1. 图纸幅面及格式

（1）图纸幅面。绘制图样时，应优先采用表 1-1 中规定的基本幅面尺寸。各基本幅面之间的尺寸关系如图 1-2 所示。必要时允许选用加长幅面。采用加长幅面时，长边不加长，短边加长，加长量按基本幅面短边的整数倍增加。

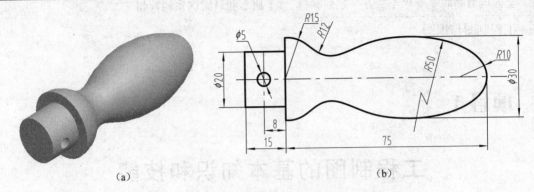

图 1-1 手柄及其平面图形

(a) 手柄（立体图）；(b) 手柄的平面图形

表 1-1	图纸幅面尺寸				(mm)
幅面代号	A0	A1	A2	A3	A4
$B \times L$	841×1189	594×841	420×594	297×420	210×297
a	25				
c	10			5	
e	20		10		

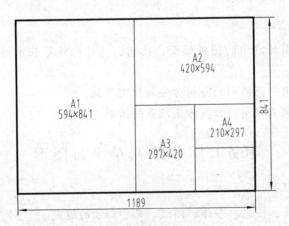

图 1-2 各基本幅面之间的尺寸关系

  (2) 图框的格式。在图纸上必须用粗实线画出图框，其格式分为留装订边和不留装订边两种，如图 1-3 和图 1-4 所示。但同一产品图样只能采用一种格式。

  (3) 标题栏的方位及格式。每张图纸上都必须画出标题栏，GB/T 10609.1—2008 对标题栏的内容、格式及尺寸做了统一规定，如图 1-5 所示。标题栏的位置应位于图纸的右下角，学习使用的标题栏可采用简化样式，如图 1-6 所示。

  (4) 附加符号。

  1) 对中符号。为了使图样复制和缩微摄影时定位方便，各图纸均应在图纸边长的中点处分别画出对中符号（线宽不小于 0.5mm 的粗实线），当对中符号处在标题栏范围内时，则伸入标题栏部分省略不画，如图 1-7 所示。

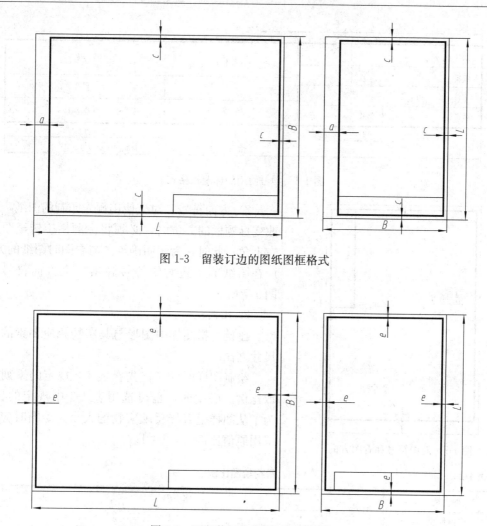

图 1-3　留装订边的图纸图框格式

图 1-4　不留装订边的图纸图框格式

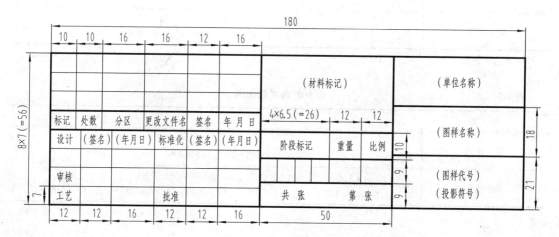

图 1-5　标题栏格式

图1-6　学习使用的标题栏格式

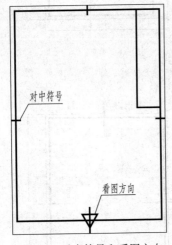

图1-7　对中符号和看图方向

2）方向符号。对于使用预先印制的图纸，需要改变标题栏的方位时，必须将标题栏旋转至图纸的右上角。此时，为了明确绘图与看图时图纸的方向，应在图纸的下边对中符号画出一个方向符号，如图1-7所示。

2. 比例

比例是指图样中图形与其实物相应要素的线性尺寸之比。

绘制图样时，应优先在表1-2规定的系列中选取比例。必要时，也可选用表1-3中规定的比例。为了从图样上直接反映实物的大小，绘图时应优先采用原值比例——1:1。

表1-2　　　　　　　　　　　　　　　**常用绘图比例**

种　类	比　例
原值比例	1:1
放大比例	5:1　　　　　2:1 $5 \times 10^n:1$　$2 \times 10^n:1$　$1 \times 10^n:1$
缩小比例	1:2　　　1:5　　　1:10 $1:2 \times 10^n$　$1:5 \times 10^n$　$1:1 \times 10^n$

注　n 为正整数。

表1-3　　　　　　　　　　　　　　**必要时选用的比例**

种　类	比　例
放大比例	4:1　　　　　2.5:1 $4 \times 10^n:1$　$2.5 \times 10^n:1$
缩小比例	1:1.5　　　1:2.5　　　1:3　　　1:4　　　1:6 $1:1.5 \times 10^n$　$1:2.5 \times 10^n$　$1:3 \times 10^n$　$1:4 \times 10^n$　$1:6 \times 10^n$

3. 字体

图样和技术文件中书写的字体必须做到：字体工整、笔画清楚、间隔均匀、排列整齐。图样中的汉字应写成长仿宋体。字体的号数即字体的高度（h），分为20、14、10、7、5、

3.5、2.5、1.8mm 八种。汉字字体的宽度一般为 $h/\sqrt{2}$。

字体示例：

汉字　10 号字

汉字结构分析

4. 图线的线型

GB/T 4457.4—2002《机械制图　图样画法　图线》中，详细规定了图线的形式、画法及应用。绘制图样时，应采用国家标准规定的图线和画法。机械制图的线型及应用见表 1-4 和图 1-8。

表 1-4　　　　　　　　　　　　图线的线型与应用

图线名称	线　型	线　宽	一般应用
细实线	——————————	$b/2$	过渡线、尺寸线、尺寸界线、指引线、基准线、剖面线、重合断面轮廓线、螺纹牙底线
波浪线	～～～～	$b/2$	断裂处边界线；视图与剖视图的分界线
双折线	—／—／—	$b/2$	断裂处边界线；视图与剖视图的分界线
粗实线	——————————	b	可见轮廓线、剖切符号用线
细虚线	— — — — —	$b/2$	不可见轮廓线
粗虚线	— — — — —	b	允许表面处理的表示线
细点画线	—·—·—·—	$b/2$	轴线、对称中心线、孔系分布的中心线
粗点画线	—·—·—·—	b	限定范围表示线
细双点画线	—··—··—··	$b/2$	相邻辅助零件的轮廓线、可动零件的极限位置的轮廓线、成形前轮廓线、轨迹线、毛坯图中制成品的轮廓线、中断线、工艺用结构的轮廓线

注　图线的宽度通常采用 $b=0.5mm$ 或 $b=0.7mm$。

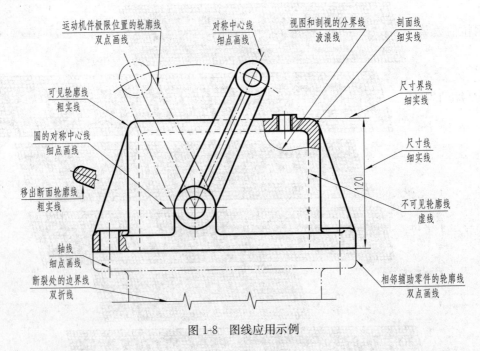

图 1-8　图线应用示例

图线绘制的注意事项（见图 1-9）：

（1）同一图样中的同类图线的宽度应一致，虚线、点画线及双点画线的线段长度和间隔应大致相等。

（2）绘制圆的对称中心线时，圆心应在线段与线段的相交处，细点画线应超出圆的轮廓线 3～5mm。

（3）当所绘制圆的直径较小，画点画线有困难时，细点画线可用细实线代替。

（4）点画线和双点画线的首末两端应是线段而不是短画线。

（5）虚线、点画线与其他图线相交时，都应画相交，点画线应相交于长画处。当虚线处于粗实线的延长线上时，虚线与粗实线之间应有间隙。

（6）两条平行线（包括剖面线）之间的最小距离应不小于 0.7mm。

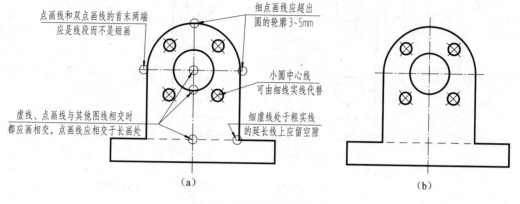

图 1-9　图线绘制注意事项

（a）错误；（b）正确

5. 尺寸标注

机械图样中的图形只能表示物体的形状，而其大小是由标注的尺寸确定的。GB/T 4458.4—2003，GB/T 16675.2—2012 中规定了标注尺寸的规则和方法。

（1）基本规则。

1）机件的真实大小应以图样中所注的尺寸数值为依据，与图形的大小及绘图的准确度无关。

2）图样中的尺寸以毫米为单位时，不需标注单位符号（或名称）；如果采用其他单位，则应注明相应的单位符号。

3）图样中所标注的尺寸为该图样所示机件的最后完工尺寸，否则应另加说明。

4）机件的每一尺寸，一般只标注一次，并应标注在反映该结构最清晰的图形上。

（2）尺寸的组成。一个完整的尺寸由尺寸界线、尺寸线和尺寸数字三部分组成，如图 1-10 所示。

1）尺寸界线。尺寸界线用细实线绘制，并应由图形的轮廓线、轴线或对称中心线处引出。也可利用轮廓线、轴线或对称中心线代替尺寸界线。尺寸界线一般与尺寸线垂直，并超出尺寸线的终端约 2mm。

2）尺寸线。用细实线绘制，不能用其他图线代替。其终端有箭头和斜线两种形式（见图 1-11），同一张图样只能采用一种形式。机械图样中一般采用箭头作为尺寸线终端。标注线性尺寸时，尺寸线必须与所标注的线段平行，当有几条互相平行的尺寸线时，大尺寸在外，小尺寸在内，避免尺寸线和尺寸界线相交（见图 1-10）。在圆或圆弧上标注尺寸时，尺寸线或其延长线应通过圆心。

3）尺寸数字。水平方向的线性尺寸的数字一般应注写在尺寸线的上方，也允许注写在尺寸线的中断处，由左向右书写，字头向上；垂直方向的线性尺寸，数字应写在尺寸线的左侧或尺寸线的中断处，由下向上书写，字头向左，如图 1-10 所示；倾斜方向尺寸数字应保持字头朝上的趋势，并尽可能避免在30°范围内标注，如图 1-12（a）所示，当无法避免时可按如图 1-12（b）所示的形式标注。

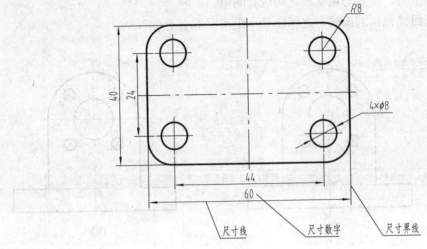

图 1-10　尺寸的组成

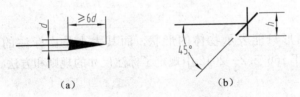

图 1-11　尺寸线的终端形式

（a）箭头；（b）斜线

d—粗实线的宽度；h—字体高度

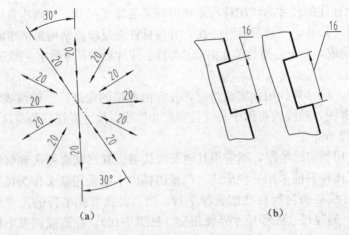

图 1-12　线性尺寸数字的注写方向

6．尺规绘图工具用法

（1）图板、丁字尺、三角板。图板供绘图时贴放图纸用，其板面应平坦、整洁，左侧为导边，必须平直。丁字尺由尺头和尺身组成。使用时，尺头内侧必须紧靠图板的左导边，上下移动。尺身上边为工作边，用来画水平线。图板和丁字尺如图1-13所示。三角板与丁字尺配合，可画垂直线及与水平方向呈15°倍数的各种斜线，如图1-14所示。

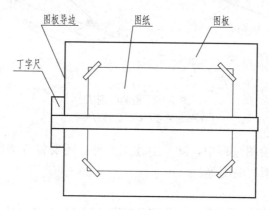

图1-13 图板和丁字尺

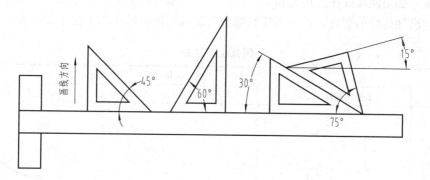

图1-14 用三角板画垂直线呈15°倍数的斜线

（2）圆规、分规。圆规是画圆及圆弧的工具。画圆时，圆规的钢针应使用有台阶的一段，以避免图纸上的针孔不断扩大，并使笔尖与纸面垂直，具体使用方法如图1-15所示。分规是用来量取尺寸和截取线段的工具。分规的两腿均为钢针，两腿合拢时针尖应对齐。

（3）铅笔。绘图铅笔笔芯软硬程度用字母H和B表示。H表示硬性铅笔，H前面的数值越大，表示铅芯越硬，画出的线越淡；B表示软性铅笔，B前面的数字越大，表示铅芯越软，画出的线越黑；HB表示铅芯软硬适中。画细线时，常用H，写字常用HB，画粗线时常用B或2B。

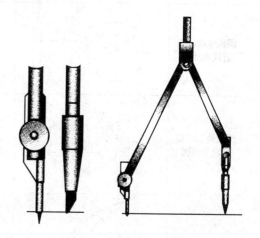

图1-15 圆规的使用方法

写字或画细线的铅笔芯常削成锥形，如图1-16（a）所示；画粗线的铅笔芯常削成四棱柱形，如图1-16（b）所示。

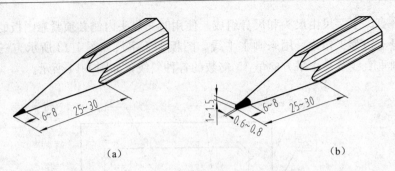

图 1-16　铅笔的削法
(a) 锥形笔芯；(b) 四棱柱形笔芯

(4) 其他工具。在绘图过程中，除了上述工具外，还要备有透明胶带纸、擦图片、小刀、砂纸、橡皮、曲线板、毛刷等。

7. 圆弧连接

用一段圆弧光滑地连接相邻两已知线段（直线或圆弧）的作图方法称为圆弧连接。要保证光滑连接，必须使线段在连接处相切。圆弧连接的基本作图方法是先求连接圆弧的圆心及连接圆弧与已知线段的切点，再画连接圆弧。常见圆弧连接的作图方法步骤见表 1-5。

表 1-5　　　　　　　　　　　　　　圆弧连接方法

圆弧连接	作图方法和步骤		
	求连接圆弧圆心 O	求连接点（切点）A、B	连接圆弧
圆弧连接两已知直线			
圆弧连接已知直线和圆弧			
圆弧外切连接两已知圆弧			
圆弧内切连接两已知圆弧			

续表

圆弧连接	作图方法和步骤		
	求连接圆弧圆心 O	求连接点（切点）A、B	连接圆弧
圆弧分别内外切连接两已知圆弧			

8. 平面图形的分析

任何平面图形都是由若干直线段或曲线段组成，线段之间的连接关系和位置关系由给定的尺寸来确定。因此，掌握平面图形的分析方法，对正确、快速绘制图样有重要作用。

（1）平面图形的尺寸分析。平面图形的尺寸，按作用可以分为定形尺寸和定位尺寸。定形尺寸是指确定平面图形上几何元素形状大小的尺寸，如图 1-17 所示的 15、$\phi20$、$\phi5$、R15、R12 等均为定形尺寸；定位尺寸是指确定平面图形中各组成部分之间相对位置的尺寸，如图 1-17 所示尺寸 8 是确定圆孔 $\phi5$ 位置的定位尺寸。一个尺寸可以既是定形尺寸，也是定位尺寸。如图 1-17 所示的尺寸 75，既是确定手柄长度的定形尺寸，又是确定 R10 圆心位置的定位尺寸。

（2）平面图形的线段分析。平面图形中，有的线段有确定的定形尺寸和定位尺寸，可以直接画出，而有的线段的定形尺寸或者定位尺寸并不完整，需要根据已有的尺寸及与相邻线段之间的几何约束来确定。因此，根据线段所具有尺寸的完整性，将线段分为已知线段、中间线段和连接线段三种。定形尺寸和定位尺寸齐全的线段称为已知线段，如图 1-17 所示的 R15、R10；具有定形尺寸和不完整的定位尺寸的线段称为中间线段，如图 1-17 所示 R50 圆弧；只有定形尺寸没有定位尺寸的线段称为连接线段，如图 1-17 所示的 R12 圆弧。

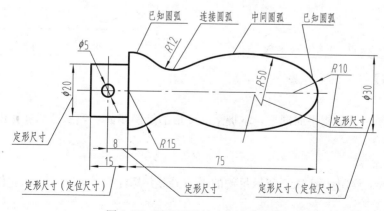

图 1-17　平面图形尺寸与线段分析

【任务实施】

1. 准备工作

分析图形的线段和性质，拟订作图步骤；确定比例、图幅并固定好绘图纸；按标准画出图框和标题栏。

2. 绘制底稿

先画作图基准线，依次画出已知线段、中间线段和连接线段，画出完整图形并按要求画出尺寸线和尺寸界线。画完底稿应整体检查修改，擦去多余的作图辅助线等。手柄平面图形底图的作图步骤见表 1-6。

3. 加深描粗

经检查无误后，按线型要求加深描粗所有图线、画好箭头并注写尺寸数字、填写标题栏。

表 1-6 手柄平面图形底图的画图步骤

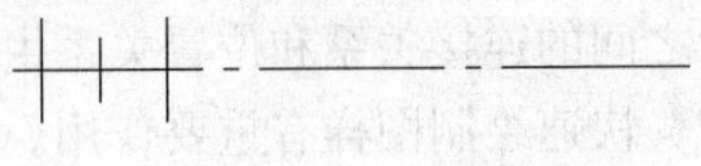

1. 画作图基准线	2. 画已知线段
3. 画中间线段 $R50$	4. 画连接线段 $R12$
5. 检查修改，擦去作图辅助线	6. 画尺寸线和尺寸界线

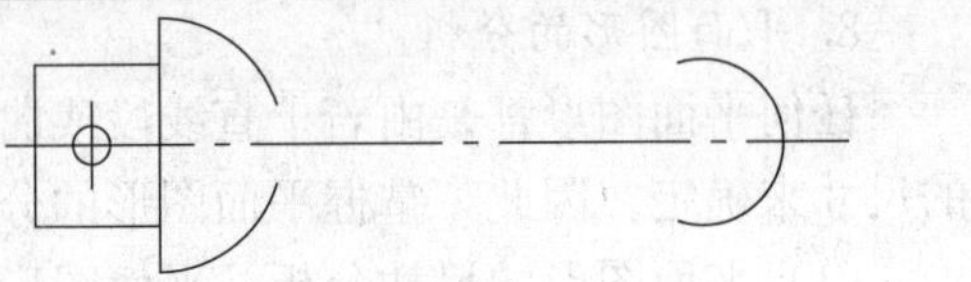

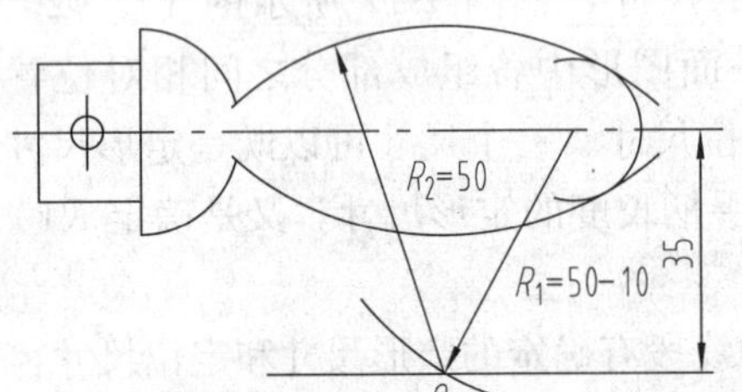

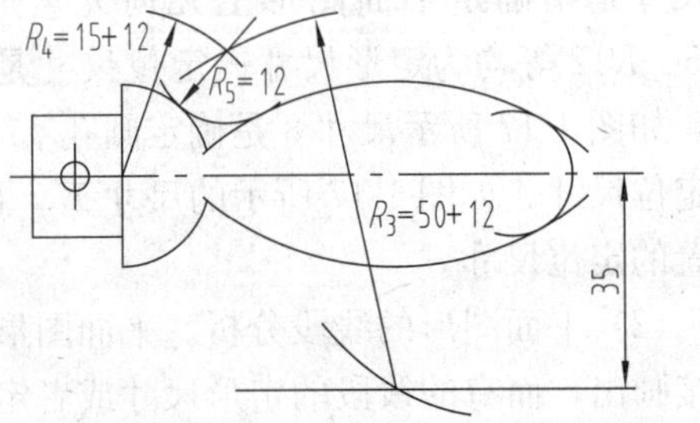

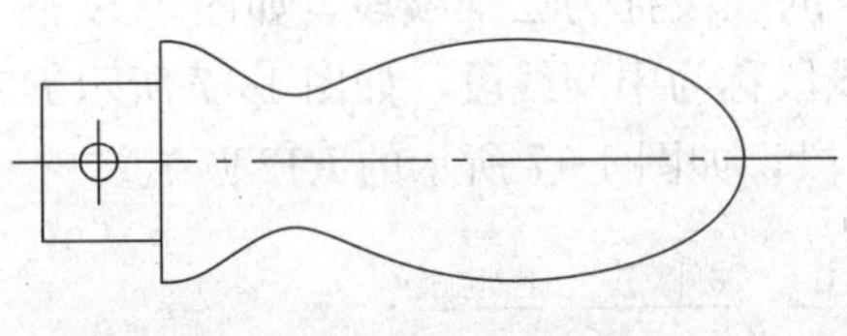

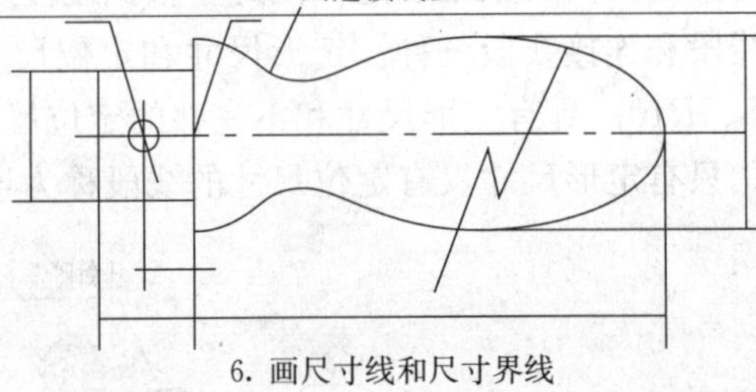

🎧 【技能训练】

1. 训练目标

用尺规绘图工具绘制平面图形，掌握平面图形的绘制步骤，熟悉圆弧连接的作图方法及尺寸标注。

2. 任务要求

在 A4 图纸上绘制如图 1-18 所示吊钩的平面图形并标注尺寸，自选绘图比例，使用尺规作图。

3. 组织方式

独立完成任务，可互相讨论，教师指导。

4. 任务实施

（1）分析图形中的尺寸作用及性质，确定作图步骤。

（2）画底稿。

1）画图框、对中符号和标题栏。

2）画出图形的基准线、对称线及圆的中心线等。

3）按已知圆弧、中间圆弧、连接圆弧的顺序，画出图形。

4）画出尺寸界线、尺寸线。

（3）检查底稿，描深图形。

（4）标注尺寸，填写标题栏。

5. 考核标准

（1）总结。根据训练目标，学生做出个人总结，内容包括知识和技能的掌握情况、存在问题、努力方向等；教师对全班的阶段性训练进行总结，包括是否完成教学目标、存在的问题、如何改进等。

（2）考核。根据实践训练的要求，通过学生自评及教师评，得出学生本阶段训练的最终成绩，见表 1-7。

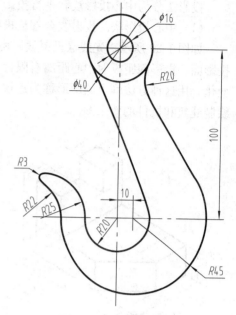

图 1-18　吊钩平面图形

表 1-7　　　　　　　　　　　　　　　　考核标准

项　目		要　求	分值	自评	教师评	得分
职业素养 （50 分）	态度	工具、用品准备充分；遵守纪律、按要求认真绘制	20			
	过程	工作计划完整，实施过程合理，方法正确，正确使用工具，在规定时间内完成任务	30			
职业能力 （50 分）	平面图形	图形正确，不漏线、不多线，线型正确，使用得当	20			
	尺寸标注	尺寸标注基本正确、完整，不重复、不遗漏，尺寸布置清晰	15			
	图面质量	图面布置匀称、合理，图面整洁，图框及标题栏正确	15			
总分			100			

任务 1.2　正投影法与三面视图

【教学目标】

（1）理解投影法的概念，掌握正投影的特性。

（2）初步掌握简单形体三视图的作图方法。

（3）能对照模型或简单零件识绘三视图。

【任务描述】

按如图 1-19 所示零件的轴测图，绘制其三视图。

【知识准备】

1. 投影法基本知识

物体被光线照射后，在预设的平面（如地面、墙壁等）上产生影子，这就是投影现象。对这种投影现象进行抽象研究，找出基本规律，即为图学中的投影法。

投影法分为中心投影法和平行投影法两类。

（1）中心投影法。投射线全部从投影中心出发的投影法，称为中心投影法。

如图 1-20 所示，光线（投射线）由 S 点（投射中心）发出，照射在物体上，并投射到投影面，投影面距投射中心距离有限远。改变物体与投影面之间的距离，物体的投影将发生变化，用这种方法画出的图形称为透视图。透视图立体感强，符合人们的视觉习惯，常用于绘制建筑和机件的效果图。

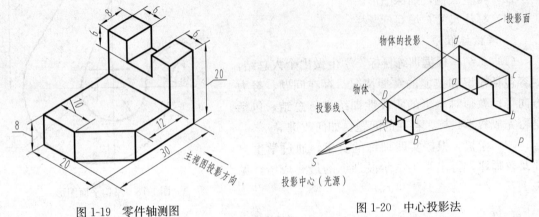

图 1-19　零件轴测图　　　　　　　　　图 1-20　中心投影法

（2）平行投影法。投射线互相平行的投影法，称为平行投影法。平行投影法可看作是中心投影法的特例，当投射中心 S 移至无穷远时，则所有的投射线可看成互相平行。在平行投影法中，改变物体与投影面间的距离，物体投影的大小、形状不变。

根据投射线与投影面的关系，平行投影法又分为正投影法和斜投影法两种。

1）正投影法。投射线垂直于投影面的平行投影法称为正投影法，如图 1-21（a）所示。

2）斜投影法。投射线与投影面倾斜的平行投影法称为斜投影法，如图 1-21（b）所示。

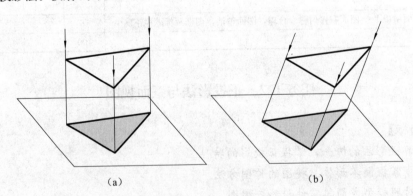

（a）　　　　　　　　　　　　　（b）

图 1-21　平行投影法
(a) 正投影法；(b) 斜投影法

由于正投影法所得到的投影图能准确反映物体的形状和大小，度量性好，作图简便，因此，机械图样一般采用正投影绘制。

（3）正投影法基本性质。

1）真实性。当直线或平面平行于投影面时，其投影反映直线的实长或平面的实形，这种性质称为投影的真实性，如图 1-22（a）所示。

2）积聚性。当直线或平面垂直于投影面时，直线的投影积聚成一点，平面的投影积聚成一直线，这种性质称为投影的积聚性，如图 1-22（b）所示。

3）类似性。当直线或平面倾斜于投影面时，直线的投影仍为直线，但小于实长，平面的投影是原图形的类似形状，这种性质称为投影的类似性，如图 1-22（c）所示。

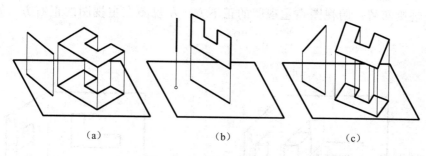

（a）　　　　　　　（b）　　　　　　　（c）

图 1-22　正投影法基本性质

2. 形体的三面视图

工程图样大都是采用正投影法绘制的正投影图，用正投影法所绘制出的物体的图形称为视图。

通常情况下，物体的一个投影不能确定其形状，如图 1-23 所示，三个形状不同的物体在同一投影面的投影相同。因此，要反映物体的完整形状，必须增加不同投射方向得到的投影图，互相补充，才能将物体表达清楚。工程上常用三面视图来表达物体的形状。

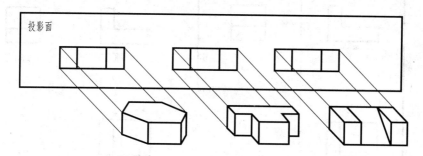

图 1-23　一个投影面的投影不能确定物体的形状和大小

（1）三视图的形成。为得到形体的三面视图，应先设置三投影面体系。三投影面体系由三个相互垂直的投影面组成，如图 1-24 所示。其中，正立投影面 V 简称正面，水平投影面 H 简称水平面，侧立投影面 W 简称侧面。三个投影面的交线 OX、OY、OZ 称为投影轴，它们互相垂直，并交于一点 O，称为原点。

如图 1-25（a）所示，把形体放在三投影体系中，将组成形体的几何要素分别向三个投影面投影，就可在三个投影面上得到形体的三个投影图。三视图形体在正面 V 上得到的视图称为主视图，在水平面 H 上得到的视图称为俯视

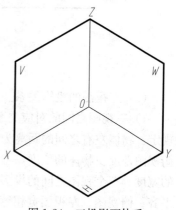

图 1-24　三投影面体系

图，在侧面 W 上得到的视图称为左视图。

　　为了作图及读图方便，应把三个互相垂直相交的投影面展开摊平成一个平面。如图 1-25
（b）所示，保持 V 面不动，将 H 面绕 OX 轴向下旋转 $90°$，W 面绕 OZ 轴向右旋转 $90°$。这
样，三个投影面就处于同一平面，即得到物体的三个视图，如图 1-25（c）所示。在画三视
图时，投影面的边框线及投影轴不必画出，三个视图的名称不必标注，但三个视图的相对位
置应按以下规则布置：俯视图在主视图的正下方，左视图在主视图的正右方，如图 1-25
（d）所示。

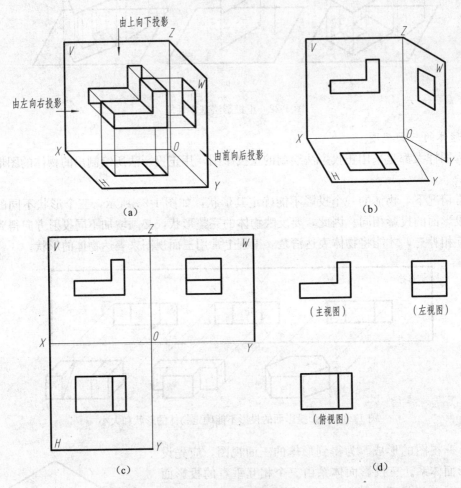

图 1-25　三视图的形成

　　（2）三视图的投影关系。

　　1）三视图之间的对应关系。如图 1-26 所示，物体有长、宽、高三个方向的尺寸，通常
规定：物体左右之间的距离为长度，前后间的距离为宽度，上下间的距离为高度。主视图和
俯视图都反映物体的长度，主视图和左视图都反映物体的高度，俯视图和左视图都反映物体
的宽度。三个视图之间的投影关系可归纳如下：主视图、俯视图长对正；主视图、左视图高
平齐；俯视图、左视图宽相等。

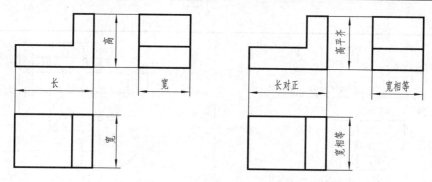

图 1-26   三视图的投影对应关系

　　"长对正、高平齐、宽相等"关系是三视图的重要特性，也是绘图和读图的主要依据。

　　2）三视图与物体方位的对应关系。物体有上、下、左、右、前、后六个方位。如图 1-27 所示，主视图反映物体的左右和上下关系，左视图反映物体的上下和前后关系，俯视图反映物体的左右和前后关系。

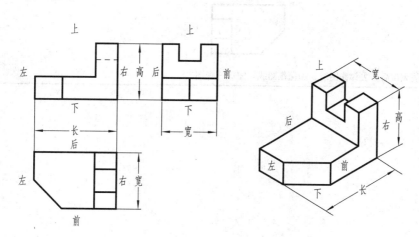

图 1-27   三视图的对应关系和方位关系

⚙ 【任务实施】

　　根据以上分析，如图 1-19 所示零件的三视图作图步骤见表 1-8。

表 1-8   三视图的绘图步骤

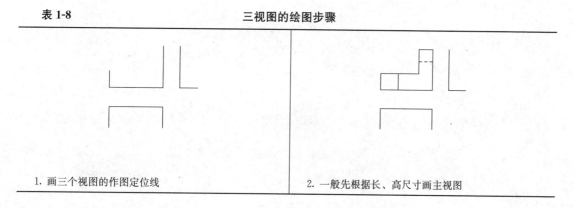

1. 画三个视图的作图定位线	2. 一般先根据长、高尺寸画主视图

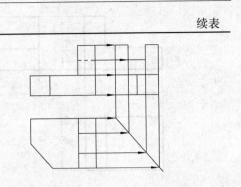

3. 画俯视图，确保主、俯视图"长对正"，并按宽度尺寸作图

4. 画左视图，确保主、左视图"高平齐"；借助45°辅助线实现俯、左视图"宽相等"

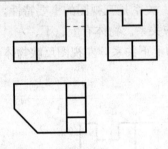

5. 检查底稿无误后，去掉作图线，加深作图线，完成三视图

项目 2

基 本 体 及 截 切 体

【项目描述】

　　通过绘制常见基本体及截切体的三视图，引导学生自主学习基本体及其截切体的投影特点和三视图的画法，识读基本体表面上点的投影；同时，了解轴测投影的基本知识，熟悉轴测图的基本画法，培养学生的投影分析能力和绘制三视图、轴测图的基本技能。

【教学目标】

　　(1) 熟悉基本体和截切体的投影特点。
　　(2) 掌握基本体和截切体三视图的画法。
　　(3) 掌握点的三面投影和规律，理解点的投影和直角坐标的关系。
　　(4) 能够识读基本体表面上点的投影。
　　(5) 了解轴测投影的基本概念、特性和常用轴测图的种类。
　　(6) 熟悉正等轴测图的画法，能画出简单形体的正等轴测图。
　　(7) 了解斜二轴测图的特点和基本画法。
　　(8) 培养耐心细致的工作态度和基本的工程素质。

任务 2.1　画基本体视图

【教学目标】

　　(1) 熟悉平面体、回转体的投影特点。
　　(2) 掌握平面体、回转体三视图的画法。
　　(3) 学会形体分析和投影分析。

【任务描述】

　　分析如图 2-1 所示基本体的投影特点，绘制出三视图。

【知识准备】

　　形体简单而规则的立体称为基本体，如图 2-1 所示。按照立体表面性质的不同，基本体可分为平面立体和曲面立体。表面由平面组成的立体称为平面立体；表面由曲面和平面或完全由曲面组成的立体称为曲面立体。

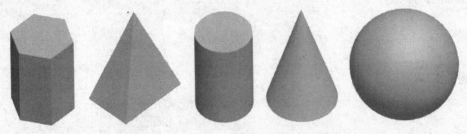

图 2-1　常见基本体

1. 平面立体

常见的平面立体有棱柱、棱锥等。由于平面立体是由平面组成的，因此，绘制平面立体的三视图，实质是绘制组成平面立体的平面及其棱线的投影。

(1) 棱柱。棱柱由上、下底面和若干棱面（侧面）组成。各棱面之间的交线称为棱线，且棱线相互平行。根据棱面和棱线的数量，棱柱可分为三棱柱、四棱柱等。底面为正多边形且各棱面与底面垂直的棱柱，称为正棱柱。图 2-2 所示为正六棱柱。

🎧 分析

如图 2-2 所示的正六棱柱由上、下底面和六个棱面组成。其上、下底面与 H 面平行，与 V 面和 W 面垂直，水平投影反映实形，正面和侧面投影都积聚为直线；其前、后棱面与 V 面平行，与 H 面和 W 面垂直，正面投影反映实形；其他四个棱面均与 H 面垂直，与 V 面和 W 面倾斜，水平投影都积聚为直线。六条棱线平行，均为铅垂线（与 H 面垂直）。

(2) 棱锥。棱锥由多边形底面和若干三角形的棱面组成。各棱面之间的交线称为棱线，各棱线交于锥顶。常见的棱锥有三棱锥、四棱锥等，当棱锥底面为正多边形，棱面为全等的等腰三角形时，称为正棱锥。图 2-3 所示为正三棱锥。

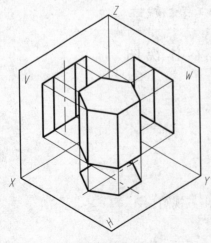

图 2-2　正六棱柱视图分析

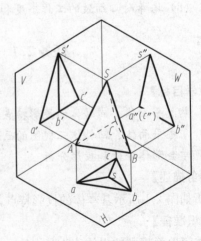

图 2-3　正三棱锥视图分析

分析

　　如图 2-3 所示的正三棱锥由正三角形底面和三个棱面组成。底面与 H 面平行，与 V 面和 W 面垂直，其水平投影反映实形，正面和侧面投影积聚为一直线；棱面△SAC 垂直于 W 面，与 H 面和 V 面倾斜，侧面投影积聚为一直线，水平投影和正面投影都是类似形；棱面△SAB 和△SBC 为一般位置平面（与三个投影面都倾斜），其三面投影均为类似形。棱线 SB 与 W 面平行，与 V 面和 H 面倾斜；棱线 SA、SC 为一般位置直线（与三个投影面都倾斜）；棱线 AC 垂直于 W 面；棱线 AB、BC 与 H 面平行，与 V 面和 W 面倾斜。

2. 回转体

　　曲面立体中常见的是回转体，如圆柱、圆锥、圆球等。这些立体上的曲面都是由母线绕其轴线回转而形成的，因此称为回转体，母线在回转过程中的任意位置称为素线。

　　绘制回转体的三视图时，要重点考虑回转体上特殊位置的转向素线的投影。

　　（1）圆柱。圆柱由上、下底面和圆柱面组成，如图 2-4（a）所示。圆柱面是由一直母线绕与它平行的轴线回转而成。圆柱面上特殊位置的素线（最左、最右、最前、最后等素线）又称为转向轮廓线。

分析

　　圆柱的轴线铅垂，故柱面上所有素线都是铅垂线，因此，圆柱面的水平投影具有积聚性，俯视图成为一个圆，同时圆柱上、下底面的投影（反映实形）也与该圆重合。圆柱的主、左视图为一矩形，表示圆柱面的正面和侧面投影，如图 2-4（b）所示。

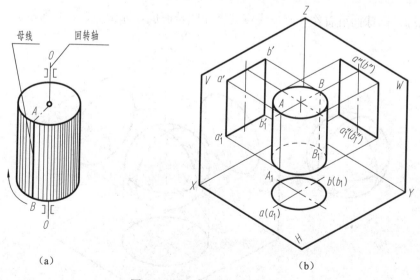

（a）　　　　　　　　　　　　　（b）

图 2-4　圆柱的形成及视图分析

　　（2）圆锥。圆锥由底面和圆锥面组成。圆锥面是由一直母线绕与它相交的轴线回转而成，如图 2-5（a）所示。

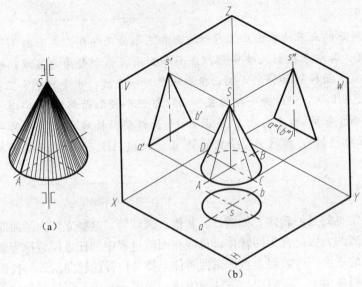

图 2-5 圆锥的形成及视图分析

分 析

　　圆锥的轴线垂直于水平面，俯视图投影为圆，该圆反映圆锥底面的实形，同时也表示圆锥面的投影。圆锥的主、左视图为等腰三角形，其底边为圆锥底面的积聚性投影。主视图中三角形的两腰，分别表示圆锥面最左、最右素线 SA、SB 的投影，它们是圆锥面正面投影可见与不可见部分的分界线；左视图中三角形的两腰，分别表示圆锥面最前、最后素线 SC、SD 的投影，它们是圆锥面侧面投影可见与不可见部分的分界线。上述四条线的其他两面投影，请读者自行分析。

　　（3）圆球。圆球面可看作一圆母线绕其直径回转而成，如图 2-6（a）所示。

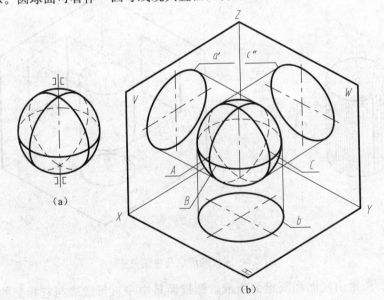

图 2-6 圆球的形成及视图分析

😊 **分析**

　　圆球的三面投影都是等于圆球直径的圆，但各个圆的意义不同。如图 2-6（b）所示，正面投影的圆是球面上最大正平圆 A（即前、后两半球面的分界圆）的投影；水平投影的圆是球面上最大水平圆 B（即上、下两半球面的分界圆）的投影；侧面投影的圆是最大侧平圆 C（即左、右两半球面的分界圆）的投影。这三个圆的其他两面投影，都与圆的相应中心线重合。

⚙ **【任务实施】**

　　1. 平面立体三视图

　　（1）画正六棱柱三视图。

　　1）投影分析。分析如图 2-2 所示的正六棱柱的组成平面和棱线的性质及投影特点（具体如前所述），得知其中一面视图为多边形，另两面视图为矩形或其组合。

　　2）绘制底稿。先画作图基准线，再画出上、下底面的水平投影（均反映实形且投影重合），正面和侧面投影都积聚为直线；而棱线的水平投影都积聚在六边形的六个顶点上，它们的正面和侧面投影均相互平行且反映棱柱的高，最后得出正六棱柱的三视图。

　　3）加深描粗。经检查无误后，按线型要求加深描粗所有图线，如图 2-7 所示。

　　（2）画正三棱锥三视图。

　　1）投影分析。分析如图 2-3 所示的正三棱锥的组成平面和棱线的性质及投影特点（具体如前所述），得知其三面视图均为三角形或其组合，其中三角形最多的视图反映棱的数目。

　　2）绘制底稿。先画作图基准线，再画出底面的各个投影，依次画出锥顶 S 的各个投影，连接各顶点的同面投影，即为三棱锥的三视图。

　　3）加深描粗。经检查无误后，按线型要求加深描粗所有图线，如图 2-8 所示。

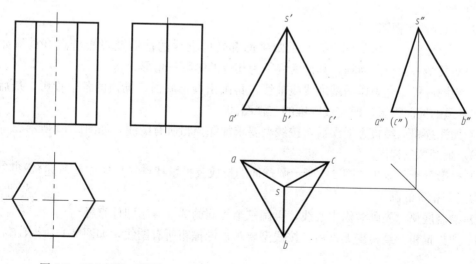

　　　　图 2-7　正六棱柱三视图　　　　　　　　　图 2-8　正三棱锥三视图

2. 回转体三视图

(1) 画圆柱三视图。

1) 投影分析。分析如图 2-4 所示圆柱面和转向素线的性质及投影特点（具体如前所述），得知其中一面视图为圆，其他两视图为相等的矩形。

2) 绘制底稿。先画作图基准线或轴线，再画出投影具有积聚性的圆，最后根据投影规律和圆柱的高度完成其他两视图。

3) 加深描粗。经检查无误后，按线型要求加深描粗所有图线，如图 2-9 所示。

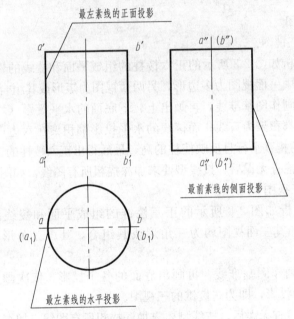

图 2-9　圆柱三视图

(2) 画圆锥三视图。

1) 投影分析。分析如图 2-5 所示圆锥面和转向素线的性质及投影特点（具体如前所述），得知其中一面视图为圆，其他两视图为相等的等腰三角形。

2) 绘制底稿。先画作图基准线或轴线，再画出圆锥底面、锥顶的各个投影，最后连接底面和锥顶的同面投影，即完成圆锥的三视图。

3) 加深描粗。经检查无误后，按线型要求加深描粗所有图线，如图 2-10 所示。

(3) 画圆球三视图。

1) 投影分析。分析如图 2-6 所示圆球面的形成及投影特点（具体如前所述），得知其三视图为三个相等的圆。

2) 绘制底稿。先画对称中心线，再画三个相同的圆（等于圆球直径）。

3) 加深描粗。经检查无误后，按线型要求加深描粗所有图线，如图 2-11 所示。

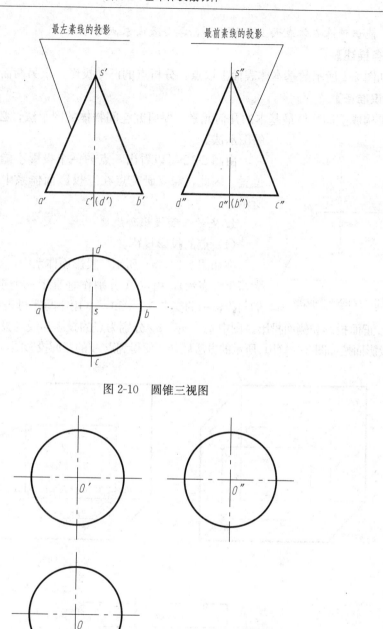

图 2-10　圆锥三视图

图 2-11　圆球三视图

任务 2.2　识读基本体表面上点的投影

🔊【教学目标】

（1）掌握点的三面投影和规律。

（2）理解点的投影和直角坐标的关系。

（3）能识读基本体表面上点的投影，学会表面求点的方法。

【任务描述】

在如图 2-1 所示的基本体表面上取点，分析点的已知投影，求另两面投影。

【知识准备】

点是构成空间物体最基本的几何元素。要研究空间物体的图示法，必须首先研究空间点的图示法。

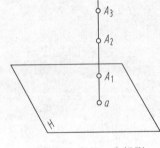

图 2-12　点的一个投影

由图 2-12 可以看出，点的一个投影不能唯一确定点的空间位置。因此，需要研究点在三投影面体系中的投影，如图 2-13 所示。

1. 点的三面投影和规律

（1）点的投影规律。

在如图 2-13（a）所示三投影面体系中，设有一空间点 A（用大写字母表示），由点 A 分别作垂直于三个投影面的投射线，它们与投影面的交点 a、a' 和 a''（用小写字母表示），即为点 A 的水平投影、正面投影和侧面投影。图中 a_X、a_Y、a_Z 分别为点的投影连线与投影轴 X、Y、Z 的交点。将投影面按如图 2-13（b）所示的方法展开，便得到点 A 的三面投影图，如图 2-13（c）所示。

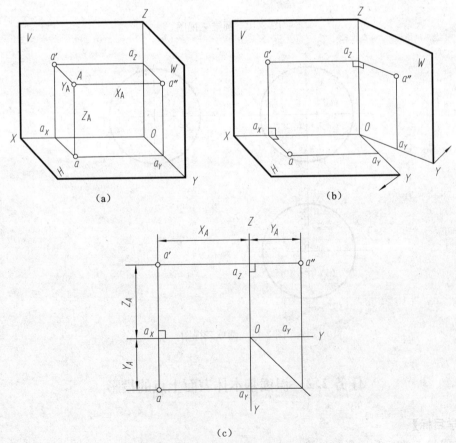

图 2-13　点的三面投影与空间坐标

（a）点的直观图；（b）投影面展开；（c）点的三面投影图

展开后的投影图一般不画出投影面的边框线，而只用细实线画出投影轴。

通过点的三面投影图的形成过程，可总结出点的投影规律：

1）点的正面投影和水平投影的连线垂直于 OX 轴，即 $a'a \perp OX$（长对正）。

2）点的正面投影和侧面投影的连线垂直于 OZ 轴，即 $a'a'' \perp OZ$（高平齐）。

3）点的水平投影到 OX 轴距离等于点的侧面投影到 OZ 轴距离，即 $aa_X = a''a_Z$（宽相等）。

以上点的三面投影规律，其实就是物体三视图中"三等"关系的理论依据。

 提 示

在作图时，为了便于保证点的水平投影到 OX 轴的距离等于点的侧面投影到 OZ 轴的距离，并使作图简便，常以 O 点作 $45°$ 辅助线来实现，如图 2-13（c）所示。

（2）点的投影与直角坐标的关系。

如果把三投影面体系看成是空间直角坐标系，则投影面就是坐标面，投影轴就是坐标轴，O 点就是坐标原点。由图 2-13（a）可以看出，空间点 A 到三个投影面的距离，就是空间点到坐标面的距离，也就是点 A 的三个坐标，即

点 A 到 W 面的距离 $Aa'' = X_A$；

点 A 到 V 面的距离 $Aa' = Y_A$；

点 A 到 H 面的距离 $Aa = Z_A$。

由图 2-13（a）又可看出，点 A 的每一个投影到两投影轴的距离，反映点 A 到相应两投影面的距离，即 $a'a_Z = Aa'' = X_A$、$a'a_X = Aa = Z_A$ 等。因此，有了点的两个投影就可确定点的坐标；反之，有了点的坐标，也可作出点的投影。

当点的三个坐标值都不等于零时，该点属于一般空间点，点的三个投影都在投影面内。当点的一个坐标值等于零时，该点位于某个投影面内。因而它的三个投影总有两个位于不同的投影轴上，另一个投影位于投影面内且与空间点重合。

当点的两个坐标值等于零时，该点位于某根投影轴上。因而它的三个投影总有两个位于同一根投影轴上且与空间点重合，另一个投影与坐标原点重合。

把投影面上和投影轴上的点统称为特殊位置点，显然，特殊位置点的投影仍符合点的投影规律。

2. 基本体表面上的点

立体表面上的点将随其表面一起投影，因此要在基本体表面上求点的投影，首先必须判断点的空间位置及其可见性。即根据点的已知投影，确定点在立体的哪个表面上，若点所在表面的投影可见，则点的同面投影可见；反之，为不可见，对不可见点的投影需加括号表示。若点所在表面的投影具有积聚性时，点的投影可不必判断其可见性。

判断点的位置后，需分析点所在面、线的投影特性，进而求作另两面投影。具体如下：

（1）平面体表面上的点。

1）棱柱。因为其各表面均是特殊位置平面（投影面的平行面和垂直面），所以求棱柱表面上点的投影，可利用平面投影的积聚性直接作图。

2）棱锥。因为棱锥表面有特殊位置平面，也有一般位置平面。特殊位置平面上的点的投影，可利用平面投影的积聚性直接作图；一般位置平面上的点的投影，则可通过在平面上作辅助线的方法求得。

（2）回转体表面上的点。

1）圆柱。求圆柱表面上点的投影，可利用圆柱面投影的积聚性直接求得。

2）圆锥。因为圆锥面的三面投影均没有积聚性，所以求圆锥面上的点的投影时，必须先在圆锥面上作一条包含已知点的辅助线（或辅助圆），根据从属性，求出点的另两面投影。

3）圆球。圆球的三面投影也都没有积聚性，而且在球表面上不能作出直线，因此只能用辅助圆法求得。

⚙ 【任务实施】

1. 棱柱表面上的点

如图 2-14 所示，已知六棱柱表面上点 A 的正面投影 a'，试求 a 和 a''。

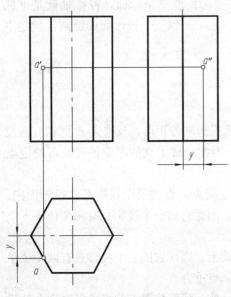

图 2-14　正六棱柱表面上的点

作图步骤：

（1）分析判断。按 a' 的位置和可见性，可判定点 A 在六棱柱的左侧棱面上，该棱面为铅垂面（垂直 H 面），故其水平投影具有积聚性，a 必然落在该面积聚性的水平投影线上。

（2）投影作图。过 a' 向下做竖直线得水平投影 a，再根据 a' 和 a 即可求出侧面投影 a''，具体如图 2-14 所示。

（3）可见性。由于棱柱的左侧棱面投影为可见，故 a'' 为可见。

2. 棱锥表面上的点

如图 2-15 所示，已知三棱锥表面上点 K 的正面投影 k'，求点 K 的另两面投影。

作图步骤：

（1）分析判断。按 k' 的位置和可见性，可判定点 K 位于一般位置平面△SAB 上，求其他两面投影时，必须利用辅助线法。

（2）投影作图。

方法 1：在△SAB 上过锥顶 S 及点 K 作一条辅助线 S Ⅰ（图中即过 k' 作 $s'1'$），然后根据点在直线上的投影特性，求出点 K 的水平投影 k 和侧面投影 k''，具体作法如图 2-15（a）所示。

方法 2：过点 K 作平行于 AB 的水平辅助线且交棱线 SA 于点 Ⅰ（图中即过 k' 作 $k'1'$ 平行于 $a'b'$），根据两平行线的投影特性，求得点 K 的其他两面投影，具体作法如图 2-15（b）所示。

（3）可见性。由于棱锥的侧棱面△SAB 三个投影均为可见，故 k、k'' 为可见。

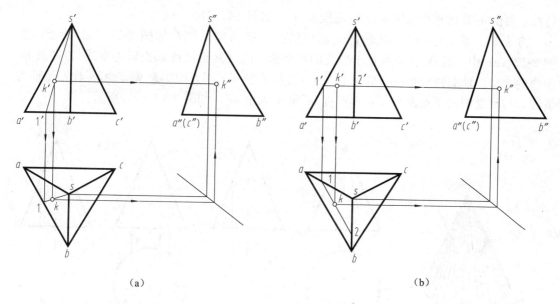

（a）　　　　　　　　　　　　　　（b）

图 2-15　正三棱锥表面上的点

3. 圆柱表面上的点

如图 2-16 所示，已知圆柱表面上点 A、B 的正面投影 a'、b'，求它们的另两面投影。

作图步骤：

（1）分析判断。按 a'、b' 的位置和可见性，可判定点 A 在前半圆柱面的左半部分，点 B 在圆柱面的最右素线上。

（2）投影作图。因圆柱面的水平投影具有积聚性，故 a 必在前半圆周的左部。过 a' 向下做竖直线得水平投影 a，再根据 a' 和 a 即可求出侧面投影 a''；因点 B 位于最右素线上，此素线的水平投影积聚为圆的最右一点，故点 B 的水平投影 b 与之重合，该素线的侧面投影与轴线的投影重合，即点 B 的侧面投影 b'' 必位于轴线的侧面投影上，具体如图 2-16 所示。

（3）可见性。由于点 A、B 分别在左、右半圆柱面上，故 a'' 可见，b'' 为不可见。

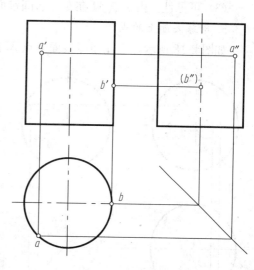

图 2-16　圆柱表面上的点

4. 圆锥表面上的点

如图 2-17（b）所示，已知圆锥面上点 M 的正面投影 m'，试求 m 和 m''。

作图步骤：

（1）分析判断。按 m' 的位置和可见性，可判定点 M 在左、前圆锥面上。

（2）投影作图。

方法 1（素线法）：过锥顶 S 和点 M 作一辅助素线 $S\mathrm{I}$，如图 2-17（a）所示。在图 2-17（b）中连接 $s'm'$ 并延长到底圆相交于 $1'$，由 $s'1'$ 求得 $s1$；然后根据点 M 在素线 $S\mathrm{I}$ 上的投影

特性，再由 m' 作出水平投影 m 和侧面投影 m''，如图 2-17（b）所示。

方法 2（辅助圆法）：以垂直于轴线的平行面为辅助圆，如图 2-17（a）所示。在图 2-17（c）中，过点 M 作垂直于轴线的水平辅助圆（其正面投影积聚为直线），即过 m' 所作的 $2'3'$。辅助圆水平投影的圆心为 s，直径等于 $2'3'$ 两点间的距离，由 m' 作 OX 轴的垂线，与辅助圆的交点即为 m。再根据 m' 和 m 求出 m''，如图 2-17（c）所示。

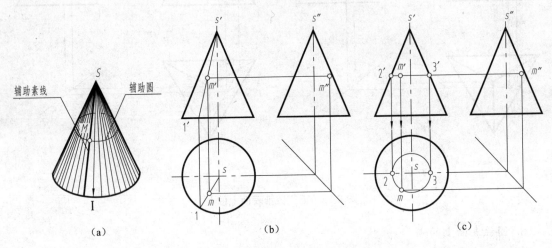

图 2-17　圆锥表面上点的求法

（3）可见性。由于点 M 在左、前圆锥面上，因此三面投影均为可见。

5. 圆球表面上的点

如图 2-18 所示，已知圆球表面上点 M 的水平投影 m，求其他两面投影。

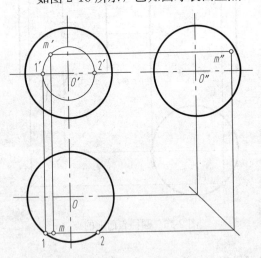

图 2-18　圆球表面上点的求法

作图步骤：

（1）分析判断。按 m 的位置和可见性，可判定点 M 在前半球的左上部分。过点 m 在球面上作一平行于正面的辅助圆。因点在辅助圆上，故点的投影必在辅助圆的同面投影上。

（2）投影作图。先在水平投影中，过 m 作线段 $12 /\!/ OX$，12 为辅助圆在水平投影面上的积聚性投影，其正面投影为直径等于 $1'2'$ 的圆，由 m 作 OX 轴的垂线，与辅助圆正面投影的交点即为 m'，再由 m、m' 求得 m''，如图 2-18 所示。

（3）可见性。由于点 M 在前半球的左上部分，因此三面投影均为可见。

 提示

　　求圆球表面上点的投影时，过已知点可作平行于水平面的辅助圆，也可作平行于正面或侧面的辅助圆，这三种方法得到的结果一致。

任务 2.3　画 截 切 体 视 图

📢【教学目标】

（1）掌握用特殊位置平面截切平面体、圆柱的截交线和截切体视图的画法。

（2）了解用特殊位置平面截切圆锥和圆球的截交线投影特点和画法。

📝【任务描述】

分析如图 2-19 所示截切体和截交线的投影特点，绘制出三视图。

💬【知识准备】

立体被平面所截切时，该平面称为截平面（或切平面），截平面与立体表面的交线称为截交线，如图 2-19 所示。掌握截交线的性质和画法，将有助于正确地分析和表达机件的结构形状。

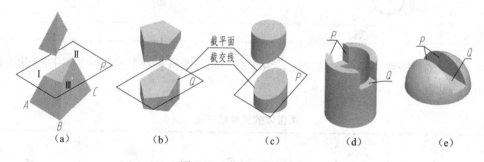

图 2-19　截平面与截交线

1. 截交线的性质与求作方法

从图 2-19 可看出，截交线具有以下性质：

（1）共有性。截交线是截平面与立体表面的共有线。

（2）封闭性。由于立体具有一定的范围，所以截交线必定是闭合的平面图形（平面折线、平面曲线或两者的组合），其形状取决于立体的几何性质及其与截平面的相对位置。

求作截交线的方法：由于截交线是截平面与立体表面的共有线，截交线上的点即是截平面与立体表面的共有点。所以，求截交线的基本问题是求一系列共有点的投影，其实质是在立体的表面上取点并求其投影的问题。

2. 平面体截交线

平面立体的截交线是一封闭的平面多边形。多边形的各边是截平面与立体表面的共有线，而多边形的顶点是截平面与立体棱线的共有点，如图 2-19（a）、（b）所示。因此，求平面立体的截交线，实质是求截平面与被截各棱线共有点的投影问题。

3. 回转体截交线

回转体的截交线一般是封闭的平面曲线或平面曲线与直线组成的平面图形，如图 2-19（c）～（e）所示，特殊情况下为多边形。

（1）圆柱的截交线。由于截平面与圆柱轴线的相对位置不同，圆柱的截交线有三种情况，见表 2-1。

表 2-1　　　　　　　　　　　　　　　　**圆柱体的三种截交线**

截平面位置	垂直于轴线	倾斜于轴线	平行于轴线
立体图			
投影图			
截交线	圆	椭圆	矩形

（2）圆锥的截交线。平面截切圆锥，由于截平面与圆锥轴线的相对位置不同，截交线有五种情况，见表 2-2。

表 2-2　　　　　　　　　　　　　　　　**圆锥体的五种截交线**

立体图				
投影图				
说明				
截平面垂直于轴线 $\theta=90°$，截交线为圆	截平面倾斜于轴线，$\theta>\alpha$，截交线为椭圆	截平面倾斜于轴线，$\theta=\alpha$，截交线为抛物线	截平面平行于轴线或 $\theta<\alpha$，截交线为双曲线	截平面过锥顶，截交线为过锥顶的两条素线

当圆锥截交线为圆和三角形时，其投影可直接作出；若截交线为椭圆、抛物线和双曲线时，则要利用圆锥表面取点的方法求得。

（3）圆球的截交线。平面截切圆球时，不论相对位置如何，截交线都是圆。由于截平面对投影面的位置不同，所得截交线（圆）的投影也不同。

当截平面平行于某一投影面时，截交线在该投影面上的投影为一圆（反映实形），其余两面投影积聚为直线，其长度等于圆的直径，如图 2-20 所示。

⚙️ 【任务实施】

1. 三棱锥截交线

试求如图 2-19（a）所示三棱锥的截交线。

分析　由图 2-21（a）看出，三棱锥被正垂面 P 截切，截交线为三角形，其顶点分别是三条棱线与截平面的交点。因此，只要求出截交线三个顶点在各投影面上的投影，然后依次连接各点的同面投影，即得截交线的投影。因为截交线的正面投影具有积聚性（已知），所以只需求出截交线的水平和侧面投影。

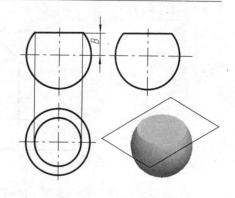

图 2-20　圆球的截交线

作图步骤：

（1）利用 P' 的积聚性直接求出截交线三个顶点的正面投影 $1'$、$2'$、$3'$，如图 2-21（a）所示。

（2）根据直线上点的投影特性求出各顶点的侧面投影 $1''$、$2''$、$3''$ 和水平投影 1、2、3，如图 2-21（b）所示。

（3）依次连接各点的同面投影，即得截交线的投影如图 2-21（c）所示。

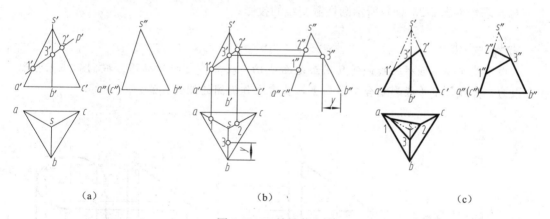

（a）　　　　　　　　　　　　　（b）　　　　　　　　　　　　　（c）

图 2-21　三棱锥截交线

2. 五棱柱截交线

试求如图 2-22 所示五棱柱截切的截交线投影。

🎧 分析

由图中看出五棱柱被正垂面截切，截交线的正面投影具有积聚性（已知斜线）。其中，四个顶点Ⅰ、Ⅱ、Ⅴ、Ⅵ是截平面与棱线的交点，Ⅲ、Ⅳ是截平面与顶面的交线。

作图步骤：

因五棱柱各侧棱面的水平投影有积聚性，用棱线上取点法即可求出截交线的水平和侧面投影，具体画法如图 2-22 所示。

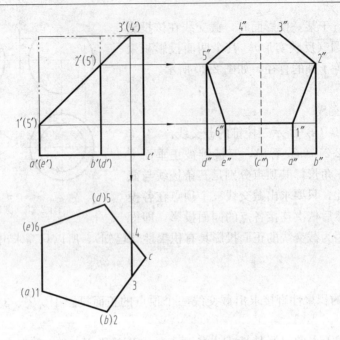

图 2-22　五棱柱截交线的画法

3. 圆柱截交线

(1) 求作如图 2-23 (a) 所示圆柱截交线的投影。

🎧 **分析**

由于截平面与圆柱轴线倾斜且用正垂面截切，故其截交线为椭圆。椭圆的正面投影积聚为一直线，水平投影重合在圆周上，故需求作椭圆的侧面投影。

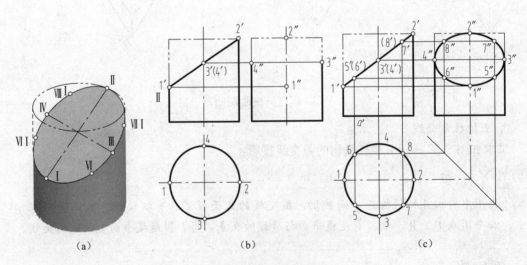

图 2-23　圆柱截交线

在题设情况下，椭圆的侧面投影是一椭圆，但不反映实形。椭圆的长轴是正平线，它的两个端点在圆柱的最左、最右转向素线上；短轴是正垂线，与长轴互相垂直平分，它的两个端点在圆柱的最前、最后转向素线上。知道了椭圆长、短轴的方向和长度就可以画出椭圆的侧面投影。

作图步骤：

1）求特殊点。特殊点一般指转向素线上的共有点，也是极限点（如最高、最低、最前、最后、最左、最右点）。在本例中，转向素线上的 Ⅰ、Ⅱ、Ⅲ、Ⅳ点是极限点，也是椭圆长、短轴的端点，故可根据其正面投影 $1'$、$2'$、$3'$、$4'$ 和水平投影 1、2、3、4，求得侧面投影 $1''$、$2''$、$3''$、$4''$。这些特殊点确定了椭圆投影的范围。

2）求一般点。先在正面投影上取一对重影点 $5'$、$(6')$ 和 $7'$、$(8')$，这四个点分别为前后、左右的对称点。由此，利用积聚性便可求出 5、6 和 7、8，再根据 $5'$、5 和 $(6')$、6 求得 $5''$ 和 $6''$，由 $7'$、7 和 $(8')$、8 求得 $7''$、$8''$。

3）连接。将各点的侧面投影依次光滑地连接起来，就得到截交线的侧面投影。

（2）画出开槽圆柱（见图 2-24）的三视图。

1）分析。开槽部分是由垂直于轴线的水平面 Q 和平行于轴线的侧平面 P 对称地截切圆柱而形成的。截平面 Q 与圆柱面的交线为圆弧，截平面 P 与圆柱体的交线为矩形。

2）作图。先画出完整圆柱的三视图，然后画出反映方槽形状特征的正面投影，再依次画出方槽的水平和侧面投影，具体如图 2-24 所示。

提示

因圆柱的最前、最后转向素线在开槽部位均被切去，故侧面投影的外形轮廓线在开槽部位向内"收缩"，其 Y 坐标由俯视图确定。注意区分槽底侧面投影的可见性。槽底是由两段直线、两段圆弧组成的平面图形，其侧面投影积聚成一直线，可见与不可见的分界点位于向内"收缩"的交线处。

（3）画出如图 2-25 所示开槽圆筒的三视图。

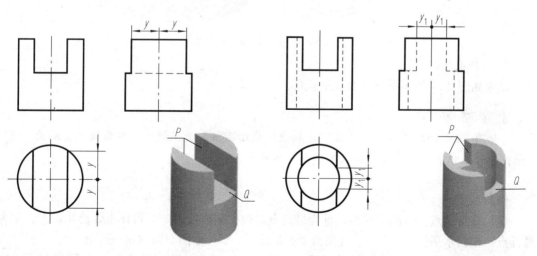

图 2-24　开槽圆柱视图的画法　　　　　图 2-25　开槽圆筒视图的画法

分析

　　如图 2-25 所示的开槽圆筒是由垂直于轴线的水平面 Q 和平行于轴线的侧平面 P 对称地截切而形成的,同时在内、外圆柱面上都会产生截交线。截平面 Q 与圆筒内、外柱面的交线为圆弧,截平面 P 与圆筒的内、外交线围成矩形。

作图步骤:

　　先画出空心圆筒的三视图,然后画出反映切槽形状特征的正面投影,再依次画出切槽的水平投影、侧面投影。注意圆筒侧面投影的内、外轮廓线在开槽部位均向内"收缩",其对应的 Y 坐标由俯视图确定,具体作法如图 2-25 所示。

　　4. 圆球截交线

　　试求图 2-26 所示开槽半球的三视图。

 分析

　　切槽的两侧面 P 和底面 Q 与球面的交线都是圆弧,且 P、Q 面彼此相交于直线段。

作图步骤:

　　先画出完整半球的三视图,再根据槽宽和槽深依次画出正面投影、水平面和侧面投影。作图的关键在于确定交线圆弧半径 R_1 和 R_2,具体作法如图 2-26 所示。

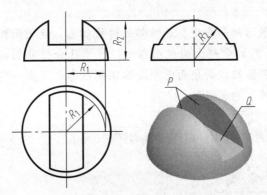

图 2-26　开槽半球视图的画法

　　5. 圆锥截交线

　　试求如图 2-27 所示圆锥的截交线投影。

 分析

　　如图 2-27 (a) 所示,正平面 (∥轴线) 截切圆锥,截交线为一双曲线。其侧面、水平投影分别积聚为一直线,故只需作出正面投影。

作图步骤:

　　(1) 求特殊点。从图中看出,Ⅲ为最高点,根据侧面投影 3″,可作出 3 及 3′;Ⅰ、Ⅴ为最低点,根据水平投影 1 及 5,可作出 1′、5′及 1″、5″,如图 2-27 (b) 所示。

　　(2) 求一般点。利用辅助面法 (或素线法) 求一般点,作辅助平面 Q 与圆锥相交,交线是圆 (称为辅助圆);辅助圆的水平投影与截平面的水平投影相交于 2 和 4,即为所求共有点的水平投影；根据水平投影再求出其余两投影 $2'4'$ 及 $2''4''$，如图 2-27 (c) 所示。

(3) 连接。将各点的正面投影依次光滑连接起来即为所求投影，如图 2-27 (d) 所示。

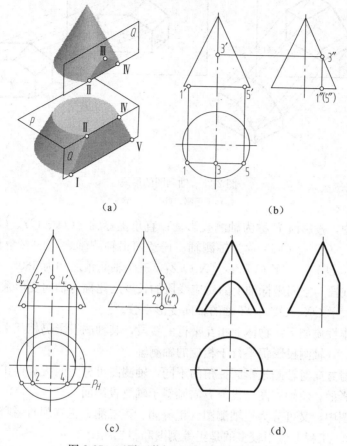

图 2-27 正平面截切圆锥时截交线的画法

任务 2.4 画轴测图

🔊【教学目标】

(1) 了解轴测图的基本概念、性质和常用种类。

(2) 熟悉正等轴测图的画法，能画出简单形体的正等轴测图。

(3) 了解斜二轴测图的特点和基本画法。

✏️【任务描述】

根据视图，画出正六棱柱、平面截切体及圆柱的正等测图和圆台、支架的斜二测图。

🖱️【相关知识】

轴测图是一种能反映物体三维空间形状的单面投影图。它富有立体感，但度量性差，作图复杂，因此在工程中常用作辅助图样来构思设计、表达说明产品形状。

1. 轴测投影的概念和性质

将物体连同其参考直角坐标系，沿不平行于任一坐标面的方向，用平行投影法将其投射在单一投影面上所得到的图形，称为轴测投影图，简称轴测图，如图 2-28 所示。

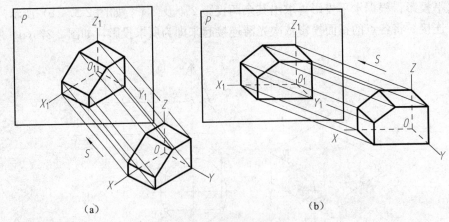

图 2-28 轴测图的形成

(a) 正等测；(b) 斜二测

在轴测投影中，投影面 P 称为轴测投影面；直角坐标轴（OX、OY、OZ）在轴测投影面上的投影 O_1X_1、O_1Y_1、O_1Z_1 称为轴测轴；任意两根轴测轴之间的夹角称为轴间角，如图 2-27 所示的 $\angle X_1O_1Y_1$、$\angle Y_1O_1Z_1$、$\angle X_1O_1Z_1$。三个轴间角之和为 $360°$。

轴测轴上的线段与空间坐标轴上的对应线段的长度之比称为轴向变形系数。通常用字母 p_1、q_1、r_1 分别表示 OX、OY、OZ 轴的轴向变形系数。

轴测图的基本性质如下：物体上相互平行的线段，其轴测投影仍相互平行；物体上平行于坐标轴的线段，其轴测投影仍平行于相应的轴测轴。

根据轴测投射方向对轴测投影面夹角的不同，轴测图可分为两大类：正轴测图，投射方向垂直于轴测投影面；斜轴测图，投射方向倾斜于轴测投影面。

在两类轴测图中，又可分为正轴测图（正等测、正二测、正三测），斜轴测图（斜等测、斜二测、斜三测）。工程上应用较多的是正等测图和斜二测图。

2. 正等测图

使确定物体的三个坐标轴与轴测投影面 P 的倾角相等，用正投影法将物体连同其坐标轴一起投射到轴测投影面上，所得到的轴测图称为正等轴测图，简称正等测，如图 2-28 (a) 所示。在正等测中，由于直角坐标系的三个坐标轴对投影面 P 的倾角相等，故轴间角和轴向变形系数都相等，即

$$p_1 = q_1 = r_1 \approx 0.82$$
$$\angle X_1O_1Y_1 = \angle Y_1O_1Z_1 = \angle X_1O_1Z_1 = 120°$$

实际画图时，为了方便作图，通常采用简化变形系数，即 $p=q=r=1$，如图 2-29 所示。

（1）平面立体的正等测图。绘制平面立体正等测图的基本方法有坐标法和切割法。

坐标法作图时，首先定出空间直角坐标系，画出轴测轴；再根据立体表面上各点的坐标值，画出它们的轴测投影；最后依次连接各点，完成轴测图。

对于截切体，则先用坐标法画出完整物体，再用切割法画出其被切割部分。

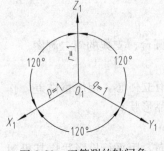

图 2-29 正等测的轴间角和轴向变形系数

（2）回转体的正等测图。回转体的正等测图主要是圆的正等测画法。

从图 2-30 看出，平行于坐标面的圆，其正等测都是椭圆。这三个椭圆大小相同，但长短轴方向各不相同，其长、短轴与轴测轴之间有以下关系：

1）当圆平面平行于 XOY 坐标面（H 面）时，其椭圆长轴垂直于 O_1Z_1 轴。

2）当圆平面平行于 XOZ 坐标面（V 面）时，其椭圆长轴垂直于 O_1Y_1 轴。

3）当圆平面平行于 YOZ 坐标面（W 面）时，其椭圆长轴垂直于 O_1X_1 轴。

准确作出椭圆，需要用坐标法，但作图较麻烦，因此很少采用。为了简化作图，常采用"四心扁圆"近似代替椭圆。

3. 斜二测图

若使 XOZ 坐标面平行于轴测投影面 P，用斜投影法将物体连同其坐标轴一起向 P 面投射，所得到的轴测图就是斜二轴测图，简称斜二测，如图 2-28（b）所示。

在斜二测中，由于 XOZ 坐标面与轴测投影面平行，因此，OX、OZ 轴的轴向变形系数相等，即 $p_1 = r_1 = 1$，轴间角 $\angle X_1O_1Z_1 = 90°$；Y 轴的轴向变形系数 $q_1 = 0.5$，轴间角 $\angle X_1O_1Y_1 = \angle Y_1O_1Z_1 = 135°$，如图 2-31 所示。

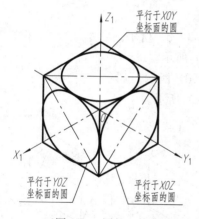

图 2-30　圆的正等测

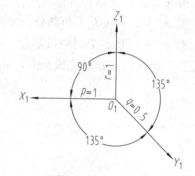

图 2-31　斜二测的轴间角和轴向变形系数

斜二测图的最大优点是：凡平行于 XOZ 坐标面的图形都反映实形。因此，当物体某一个方向上的形状比较复杂，特别是有较多的圆或曲线时，采用斜二测作图，比较简便易画。

下面通过举例讲述简单形体的正等测图和斜二测图的具体画法。

❀【任务实施】

1. 画平面立体的正等测图

（1）坐标法。按坐标定点来画六棱柱的正等测轴图。

作图步骤：

1）选取坐标轴。选取时应考虑度量方便，尽量减少作图线。该六棱柱前后、左右对称，故选顶面中心为坐标原点，如图 2-32（a）所示。

2）画轴测轴，定点的坐标。根据尺寸直接定出 A、D 和 Ⅰ、Ⅱ 点，如图 2-32（b）所示。

3）画出顶面。过 Ⅰ、Ⅱ 点分别作 X_1 轴的平行线，量得 B、C 和 E、F 点，按顺序连接，完成顶面的正等测，如图 2-32（c）所示。

4）画出底面。过 A、B、C、F 点作平行于 Z_1 轴的棱线，并量取高度 h，得底面各对应点；擦去多余图线，加深完成全图，如图 2-32（d）所示。

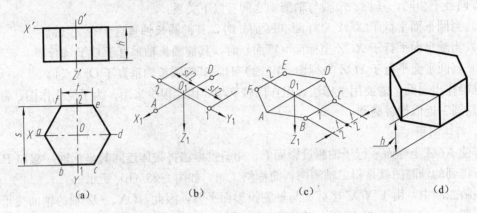

图 2-32　六棱柱的正等测图

（2）切割法。如图 2-33 所示，先画出完整物体，再按挖切的位置和尺寸画出切割部分。

作图步骤：

1）选取坐标轴，画出长方体的正等测，如图 2-33（b）所示。

2）根据 c、b_1，切去左上角部分，如图 2-33（c）所示。

3）根据 a、b_2，切去中间缺口部分，如图 2-33（d）所示。

4）擦去多余图线，加深完成全图，如图 2-33（e）所示。

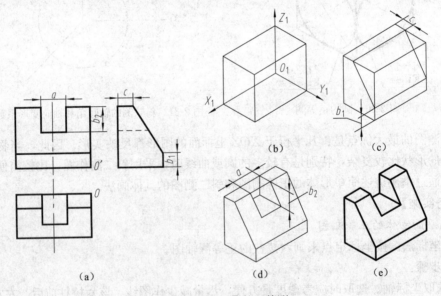

图 2-33　截切体的正等测

2. 画回转体的正等测图

（1）用"四心扁圆近似画法"画如图 2-34 所示的水平圆。

作图步骤：

1）确定坐标轴、原点及 X、Y 轴上的切点 1、2、3、4，如图 2-34（a）所示。

2) 画出轴测轴及长、短轴，并以 O_1 为圆心，圆的直径 d 为直径画辅助圆，交 O_1X_1、O_1Y_1 轴于 1、2、3、4 点，即得出四段圆弧的切点；交 O_1Z_1 轴于 A、B 点，连接线段 $A1$、$A4$、$B2$、$B3$，分别得交点 C、D，则 A、B、C、D 就是四段圆弧的圆心，如图 2-34（b）所示。

3) 分别以 A、B 为圆心，线段 $A1$、$B2$ 为半径画两段大圆弧（如图中用粗实线画出部分）；再分别以 C、D 为圆心，线段 $C1$、$D3$ 为半径画两段小圆弧，即得水平圆的正等测，如图 2-34（c）所示。

4) 擦去多余图线，加深完成全图，如图 2-34（d）所示。

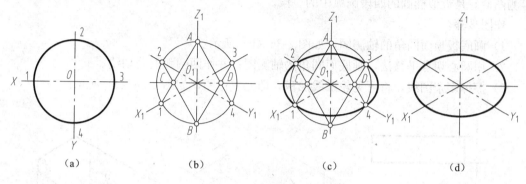

图 2-34　正等测椭圆的近似画法

（2）圆柱的正等测画法。根据如图 2-35（a）所示圆柱的两视图画出正等测图。

🎧 分 析

图 2-35 所示为轴线垂直于水平面的圆柱的正等测画法。由于圆柱上、下底圆与水平面平行且大小相等。故可根据其直径 d 和高度 h，画出上、下底圆的正等测椭圆，然后画出两个椭圆的公切线，即完成作图。

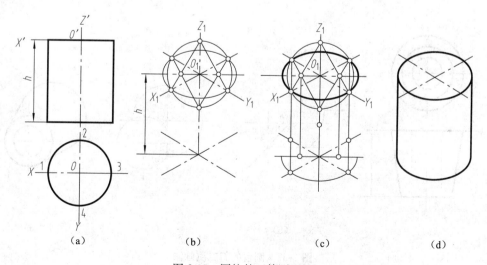

图 2-35　圆柱的正等测画法

作图步骤：

1）在圆柱的视图上确定坐标轴和坐标原点，如图 2-35（a）所示。

2）画轴测轴，定出上、下底圆中心，然后画两正等测椭圆，如图 2-35（b）所示。

3）作出两个椭圆的公切线，如图 2-35（c）所示。

4）擦去多余图线、加深，完成全图，如图 2-35（d）所示。

（3）圆角的正等测画法。在机件上由于结构或美观的要求，经常制出圆角，如图 2-36（a）所示的底板上，左、右各有一个圆角。平行于坐标面的圆角，实质上是平行于坐标面的圆的一部分，因此其轴测图是椭圆的一部分。特别是如图 2-36（a）所示的 1/4 圆角，其正等测图恰好是近似椭圆的四段圆弧中的一段。

作图步骤：

1）画底板顶面圆角的轴测图，如图 2-36（b）所示。

2）用圆心切点平移法，画底面圆角的轴测图；并作两圆弧的公切线。

3）擦掉多余图线，将可见轮廓线加深，即完成作图，如图 2-36（c）所示。

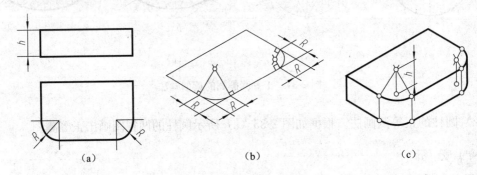

图 2-36　圆角的正等测画法

3. 画斜二测图

（1）用坐标法绘制如图 2-37（a）所示圆台的斜二测图。

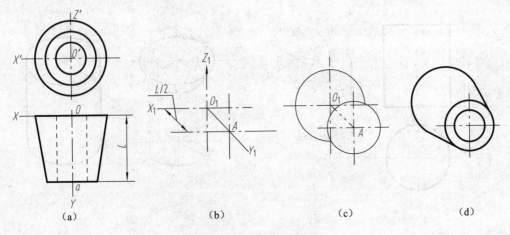

图 2-37　圆台的斜二测画法

分 析

　　由圆台的两视图可知，该物体仅有平行于 XOZ 坐标面的圆，因此，在画斜二测时，可以先分层定出各圆所在平面的位置，然后确定各圆的圆心位置。

作图步骤：

1）在圆台的两视图上确定坐标轴及原点，如图 2-37（a）所示。

2）画出轴测轴，在 Y 轴上量取 $L/2$，定出前端面的圆心 A，如图 2-37（b）所示。

3）画出前、后端面圆的斜二测，如图 2-37（c）所示。

4）作两圆的公切线，擦掉多余的图线，加深完成全图，如图 2-37（d）所示。

（2）绘制如图 2-38（a）所示支架的斜二测图。

作图步骤：

1）在支架的两视图上确定坐标轴及原点，如图 2-38（a）所示。

2）画出轴测轴，定出前端面的位置及圆心，画出其斜二测，如图 2-38（b）所示。

3）画出后端面的斜二测，如图 2-38（c）所示。

4）擦掉多余的图线，加深可见轮廓线，便得到支架的斜二测，如图 2-38（d）所示。

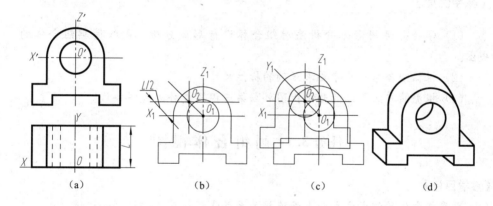

图 2-38　支架的斜二测画法

项目 3

组合体视图

【项目描述】

组合体是由个或两个以上的基本体按一定的方式所组成的形体，掌握组合体的读图和画图的基本方法，将为进一步学习零件的识读打下基础。

【教学目标】

(1) 学会并运用形体分析法对组合体进行形体分析，图绘简单组合体的三视图。

(2) 根据组合体的尺寸要求正确的标注尺寸。

(3) 根据简单组合体的两个视图补画第三视图或补画视图缺线。

任务 3.1　画组合体视图

【教学目标】

(1) 熟悉组合体的组成方式和表面连接关系并掌握相贯体的绘制和识读。

(2) 理解并掌握组合体形体分析方法。

(3) 掌握用形体分析法画组合体的基本方法和步骤。

【任务描述】

如图 3-1 (a) 所示支架的立体图，根据 3-1 (b) 进行形体分析，在 A4 图纸上画出如图 3-1 (c) 所示的三视图。

【知识准备】

1. 形体分析法

任何复杂的物体，都可看成是由若干个基本体组合而成的。这种由两个或两个以上基本体组成的物体称为组合体。

在组合体的画图、读图和标注尺寸过程中，通常假想将其分解成若干个基本体，弄清楚各基本体的形状、相对位置、组合形式及表面连接关系，这种分析方法称为形体分析法。如图 3-1 (b) 所示支架可分解为直立空心圆柱、底板、肋板、耳板和水平空心圆柱五部分。形体分析法是画、读组合体视图及标注尺寸的最基本的方法。

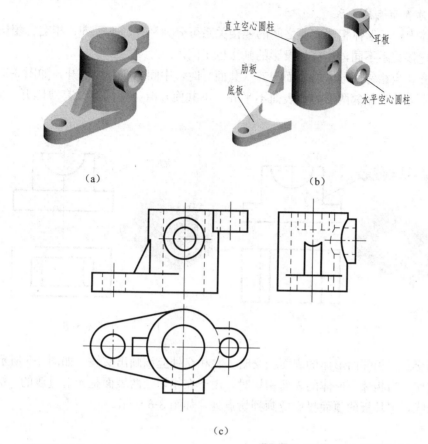

图 3-1 支架

（a）支架的立体图；（b）支架的形体分析；（c）支架的三视图

2. 组合体的组合形式

组合体中各基本体组合时的相对位置关系，称为组合形式。常见的组合形式，大体上分为叠加型、切割型和综合型三种形式。

如图 3-2（a）所示的组合体是由圆柱体与四棱柱板叠加而成的，属于叠加型。如图 3-2（b）所示的组合体是由四棱柱，切去两个三棱柱，并挖去圆柱体而成的，属于切割型。既有叠加又有切割的综合型组合体如图 3-2（c）所示。

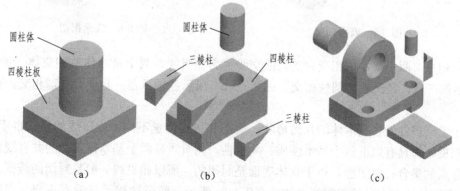

图 3-2 组合体的组合形式

3. 组合体表面连接关系

在组合体上，各形体相邻表面之间的连接关系可分为平齐、不平齐、相交、相切和相贯五种情况。连接关系不同，连接处投影的画法也不同。

（1）平齐。当相邻两形体的表面平齐（共面）时，中间不应有线隔开，如图 3-3 所示。

（2）不平齐。当相邻两形体的表面不平齐（不共面）时，中间应该有线隔开，如图 3-4 所示。

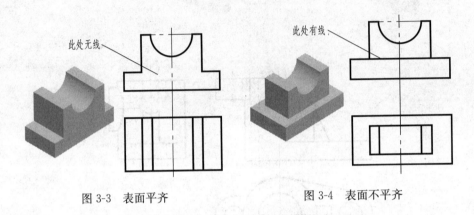

图 3-3　表面平齐　　　　　　　　　　图 3-4　表面不平齐

（3）相交。当相邻两形体的表面相交时，在相交处应该画出交线，如图 3-5 所示。

（4）相切。当相邻两形体的表面相切时，由于在相切处两表面是光滑过渡的，故在相切处不应该画线，但耳板的顶面投影应画到切点处，如图 3-6 所示。

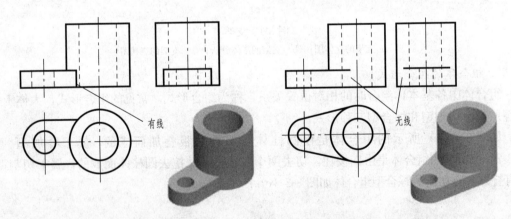

图 3-5　表面相交　　　　　　　　　　图 3-6　表面相切

（5）相贯。两个基本体相交，其表面交线称为相贯线，两个基本体称相贯体。如图 3-7（a）所示的三通，是圆柱与圆柱相交。图 3-7（b）所示的轴承盖，是圆台与球相交，都产生相贯线。

由于组成机件的各基本体的几何形状、大小和相对位置不同，相贯线的形状也不相同，但任何相贯线都具有以下两个基本性质：共有性，相贯线是两个基本体表面的共有线，是一系列共有点的集合；封闭性，由于立体表面是封闭的，所以相贯线一般是封闭的线框。

1）两圆柱体正交时的相贯线。如图 3-8（a）所示，两圆柱相贯且垂直正交，当圆柱体

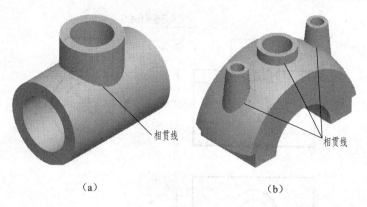

图 3-7 形体的相贯线

(a) 三通；(b) 轴承盖

轴线与某一投影面垂直时，则圆柱面在该投影面上的投影积聚为圆，其相贯线也积聚在这个圆上。该图为轴线正交的两圆柱相贯，相贯线是一条空间曲线。图 3-8（b）所示为用表面取点法所得相贯线的三视图，俯视图投影为圆，左视图投影为一段圆弧，主视图用表面取点法作出。

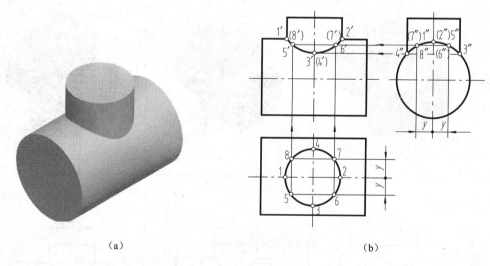

图 3-8 正交两圆柱相贯

2）两圆柱体正交时相贯线近似画法。当两圆柱正交且直径相差较大时，其相贯线可以采用圆弧代替非圆曲线的近似画法。如图 3-9 所示，相贯线可用大圆柱的半径 $D/2$ 为半径作圆弧代替非圆曲线的相贯线。

3）两圆柱直径大小对相贯线形状的影响。当正交两圆柱的相对位置不变，而直径大小发生变化时，相贯线的形状和弯曲方向也产生变化，见表 3-1。

两轴线垂直相交的圆柱，其表面相贯线有三种形式，见表 3-2。

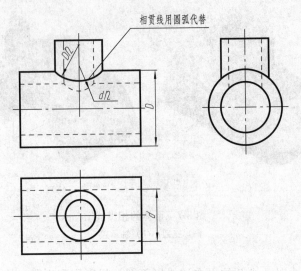

图 3-9　用圆弧代替相贯线

表 3-1	两圆柱直径大小对相贯线形状的影响		

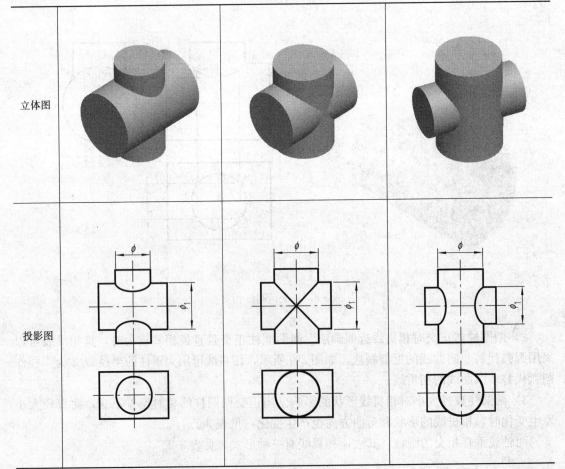

表 3-2　　　　　　　　　　　　　　圆柱表面相贯线的形式

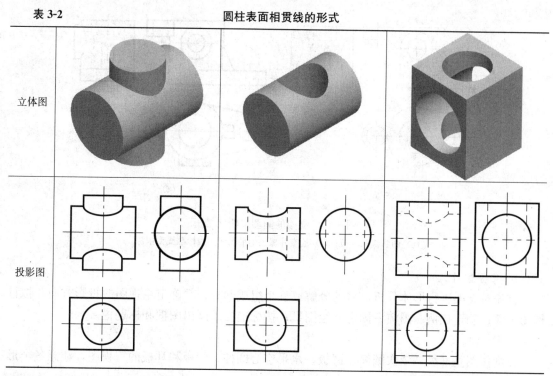

立体图		
投影图		

🔧 【任务实施】

支架的画图步骤见图 3-10。

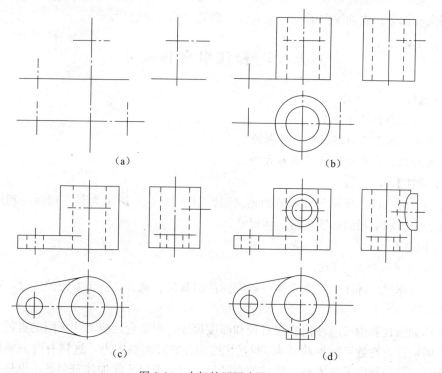

图 3-10　支架的画图步骤（一）

(a) 画出作图基准线；(b) 画主要形体（直立空心圆柱）的视图；(c) 画底板；(d) 画水平空心圆柱

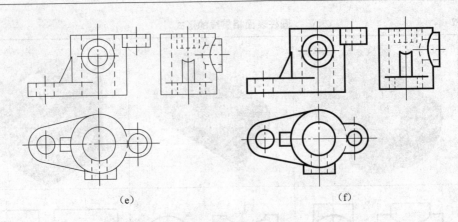

图 3-10 支架的画图步骤（二）

(e) 画肋板和耳板；(f) 检查并擦去辅助图线，按标准线型描深

1. 准备工作

首先对支架进行形体分析，将其分解成五个组成部分，并确定主视图的投影方向，拟订作图步骤；确定比例、图幅、固定好绘图纸；按标准要求画出图框和标题栏。

2. 绘制底稿

先画作图基准线，依次圆筒、底板、水平空心圆柱、肋板和耳板的三视图，注意各个形体之间的相对位置关系。

3. 检查并加深描粗

画完底稿应整体检查修改，经检查无误后，按要求加深描粗，加深时按照先加深重要部分再加深次要部分；先加深圆弧再加深直线。画完后填写标题栏。

任务 3.2　标 注 组 合 体 尺 寸

【教学目标】

(1) 熟悉组合体尺寸类型。

(2) 正确选择组合体标注的尺寸基准。

(3) 掌握组合体尺寸标注的基本方法。

【任务描述】

图 3-11 (a)、(b) 所示为轴承座的轴测图，图 3-11 (c) 所示为其三视图，利用形体分析法正确、完整和清晰的标注出组合体尺寸。

【知识准备】

1. 常见简单体的尺寸标注

(1) 几何体尺寸标注。平面立体一般应标注出其长、宽、高三个方向的尺寸，如图 3-12 (a)~(c) 所示。

回转体如圆柱和圆锥应注出底圆直径和高度尺寸，圆锥台还应加注顶圆的直径。在标注直径尺寸时应注意在数字前加符号 ϕ，而且往往注在非圆的视图上，这样有时只要用一个视图表达即可，其他视图就可省略。圆球的直径尺寸应在符号 ϕ 前加注符号 S，也只要一个视图来表示，如图 3-12 (d)~(f) 所示。

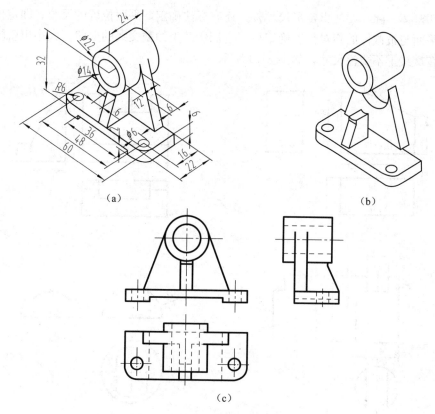

图 3-11　轴承座的轴测图和三视图

（a）轴承座；（b）轴承座的形体分析；（c）轴承座的三视图

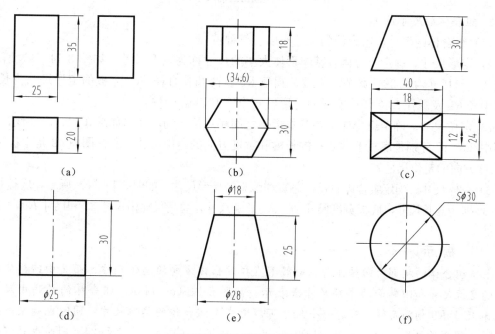

图 3-12　基本形体的尺寸注法

（2）截交体的尺寸标注。物体被截切后，均产生截交线，但交线上不能注尺寸。

对于切割体，除了要注出定形尺寸外，还有标注确定截平面位置的尺寸，即定位尺寸。

当截平面与被截体的相对位置确定后，它们所产生的截交线的形状、大小也就随之确定了，所以在交线上不要注尺寸，如图 3-13 所示。

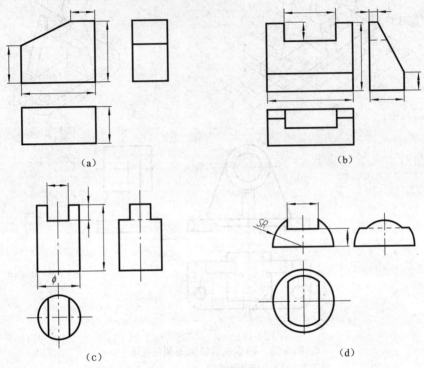

(a)　　　　　　　　　　　　　　(b)

(c)　　　　　　　　　　　　　　(d)

图 3-13　物体截切后的尺寸标注

2. 组合体的尺寸注法

(1) 组合体的尺寸。组合体的尺寸有以下三种：

1) 定形尺寸。确定组合体各基本形体大小的尺寸称为定形尺寸。如图 3-14 (a) 所示，底板的定形尺寸为长 32、宽 24、高 7、圆角 R6 及两圆孔直径 φ6；立板的定形尺寸为长 5、圆弧半径 R9 及圆孔直径 φ9；肋板的定形尺寸为长 10、宽 4、高 8。

2) 定位尺寸。确定组合体中各基本形体之间相对位置的尺寸。如图 3-14 (c) 所示，俯视图中 26、12 分别是底板上两圆孔的长度和宽度方向的定位尺寸；左视图中 42 是立板圆孔 φ9 高度方向的定位尺寸。

3) 总体尺寸。确定组合体总长、总宽和总高的外形尺寸。如图 3-14 (c) 所示，底板长度尺寸 32 即为总长尺寸，底板宽度尺寸 24 即为总宽尺寸，总高尺寸由尺寸 22 和尺寸 R9 决定。

 提　示

　　当组合体的端部为回转体时，一般不直接注出该方向的总体尺寸，而是由回转体轴线的定位尺寸和回转面的半径尺寸来表示。如图 3-14 (c) 所示，组合体的总高由尺寸 22 和尺寸 R9 相加而得。有时一个尺寸可以看成是组合体的总体尺寸，同时也是某一基本组成部分的定形尺寸。如图 3-14 (c) 所示，底板的定形尺寸 32 和 24，同时也是组合体的总体尺寸。

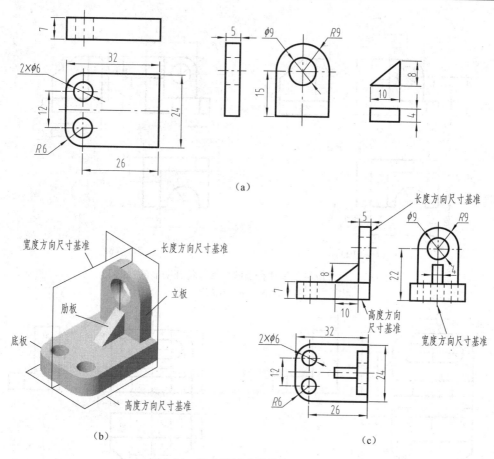

图 3-14　组合体尺寸的种类及尺寸基准

（2）尺寸基准。标注尺寸的起始点，即为尺寸的基准。组合体有长、宽、高三个方向的尺寸，所以每个方向至少都应该选择一个尺寸基准。一般选择组合体的对称平面、底面、重要端面、回转轴线等作为尺寸的基准，如图 3-14（b）所示。

基准选定后，各方向的主要定位尺寸应从相应的尺寸基准出发进行标注。如图 3-14（c）所示，主、俯视图中的尺寸 5 和尺寸 26 是从长度方向基准标起，俯视图中的尺寸 12 是从宽度方向基准标起，左视图中的尺寸 22 是从高度方向基准标起。有时一个方向上除了选定一个主要基准外，还需选定一个或多个辅助基准。如图 3-14（c）所示，左视图中的尺寸 R9 是以圆孔 φ9 的轴线为辅助基准进行标注的。

（3）标注尺寸时应注意的问题。在标注尺寸时应注意以下几点：

1）尺寸应尽量标注在反映各形体形状特征明显、位置特征清楚的视图上。同一形体的定形尺寸和定位尺寸应尽量集中标注，以便读图，如图 3-15 所示。

2）尺寸应尽量标注在视图的外部，与两个视图有关的尺寸应尽量标注在有关视图之间，如图 3-16 所示。

3）虚线上尽量不注尺寸，如图 3-15 所示的圆孔直径。

4）同轴回转体的各径向尺寸一般注在非圆视图上。圆弧半径应注在投影为圆弧的视图上，如图 3-17 所示。

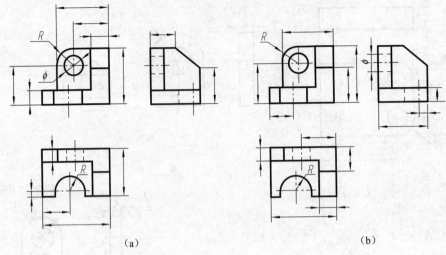

图 3-15　尺寸应尽量标注在反映各形体特征明显的视图上
(a) 清晰；(b) 不清晰

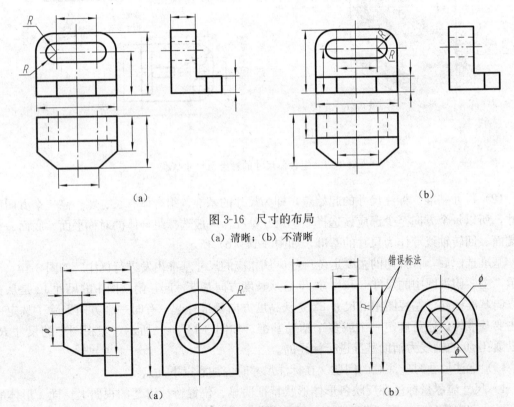

图 3-16　尺寸的布局
(a) 清晰；(b) 不清晰

图 3-17　同轴回转体的尺寸标注
(a) 清晰；(b) 不清晰

⚙ 【任务实施】

标注组合体尺寸的基本方法是形体分析法，即先将组合体分解为若干基本体，选择尺寸基准，逐一注出各基本体的定形尺寸和定位尺寸，最后考虑总体尺寸，并按形体要求逐个检查已注的尺寸有无重复和遗漏，然后再进行修正和调整。图 3-11 所示轴承座的尺寸标注见图 3-18。

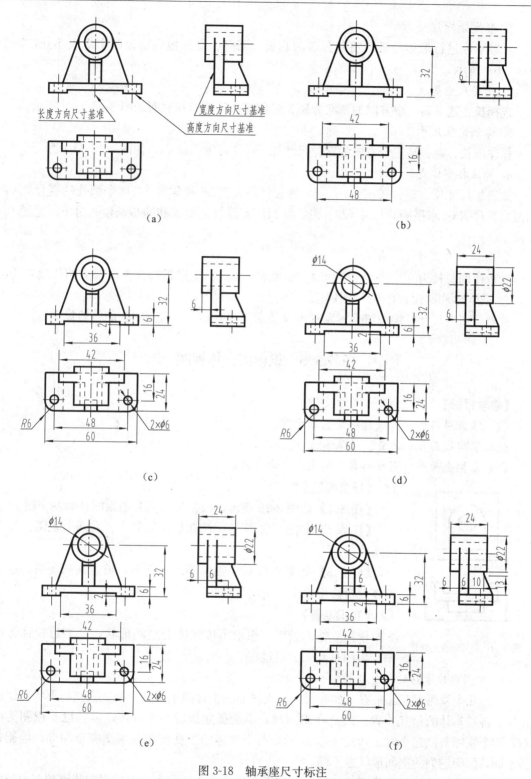

图 3-18　轴承座尺寸标注

（a）选定尺寸基准；（b）标注定位尺寸；（c）标注底板定形尺寸；（d）标注圆筒定形尺寸；（e）标注支
撑板定形尺寸；（f）标注肋板定形尺寸

1. 形体分析

对轴承座进行形体分析，将其分解为底板、圆筒、支撑板和肋板四个组成部分，如图3-11（b）所示。

2. 选定尺寸基准

选择长、宽、高三个方向的基准分别为对称面、后端面和底面如图3-18（a）所示。

3. 标注定位尺寸

标注出长、宽、高三个方向的定位尺寸如48、16、6、32等，如图3-18（b）所示。

4. 标注各形体定形尺寸

如底板尺寸长、宽、高60、24、6，底板槽的长度36和深度2，两个圆孔的直径2×ϕ6和圆角半径R6；水平圆筒尺寸ϕ22、ϕ14和24；支撑板宽度6和肋板长度尺寸6、宽度10、高度13等。

5. 标注总体尺寸

轴承座的总长为90，总宽由底板宽60和水平圆筒在支撑板后面突出部分的长度6所决定，总高由32和圆筒直径ϕ22所决定。

注意：所有尺寸标注应符合国家标准《技术制图》和《机械制图》的一般规定。

任务3.3　识读组合体视图

📢【教学目标】

（1）掌握用形体分析法看图的基本方法。

（2）了解线面分析法看图的基本方法。

（3）掌握由两个视图补画第三视图的基本方法。

📝【任务描述】

【任务1】如图3-19所示，根据主视图和俯视图补画左视图。

【任务2】如图3-20所示，已知组合体的主、左两个视图，补画俯视图。

【任务3】如图3-21所示轴承座的三视图，根据其三视图，运用形体分析法想象出其空间形状。

💬【知识准备】

根据立体的投影图想象出该立体的空间形状，这个过程称为识图。识图是画图的逆过程。

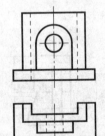

图3-19　补画第三视图

1. 识图中应注意的几个问题

（1）几个视图对照起来看。如前所述，立体的一个视图不能完全确定其空间形状和组成立体的各基本体的相互位置。因此在识图时，不能孤立地看一个视图，需要以主视图为中心，几个视图对照起来看。如图3-22所示，两个立体的主视图和左视图完全相同，但俯视图不同，因而它们的空间形状也不同。

（2）抓住形状特征和位置特征视图。在组合体的几个视图中，有的视图能够较多地反映其形状特征，称为形状特征视图。如图3-23（a）所示，如果只看主、左视图是无法确定其空间形状的，如果首先抓住俯视图这个反映形状特征比较明显的视图，则很快能够确定形体

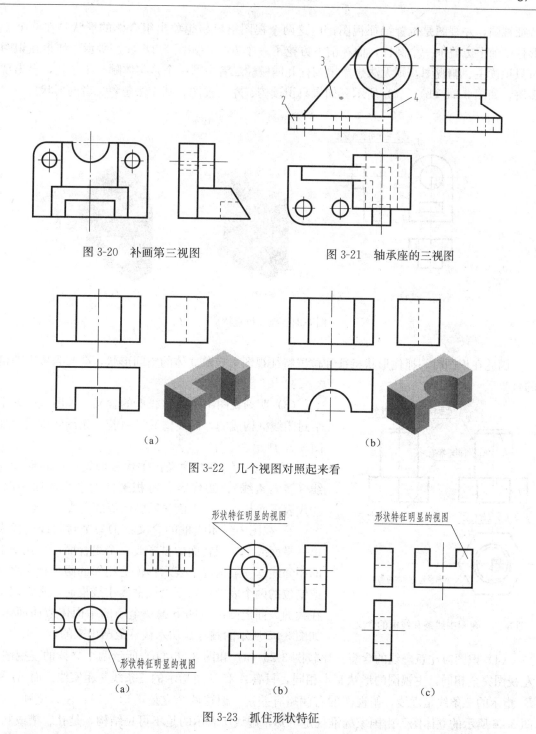

图 3-20　补画第三视图　　　　　　　图 3-21　轴承座的三视图

（a）　　　　　　　　　　（b）

图 3-22　几个视图对照起来看

形状特征明显的视图　　　　　　形状特征明显的视图

形状特征明显的视图

（a）　　　　　　　（b）　　　　　　　（c）

图 3-23　抓住形状特征

的空间形状的。同样，如图 3-23（b）所示的主视图和图 3-23（c）所示的左视图形状特征最明显，应首先抓住并识读。

有的视图能够比较清晰地反应各基本体的相互位置关系，称为位置特征视图，也有的视图既不反映形状特征，也不反映位置特征。如图 3-24（a）所示的三视图中，主视图是形状特征视图，左视图是位置特征视图，由这两个视图很容易想象出组合体的形状是在一个 U 形柱的前上方叠加一个圆柱，而在前下方挖了一个方孔，如图 3-24（c）所示。如果在识图时只识读主、俯视图，则无法想象出圆柱和四棱柱二者中哪一个是实体哪一个是孔，会出现多解，如图 3-24（b）、（c）所示。如果只识读俯、左二视图，则无法想象二者的形状。

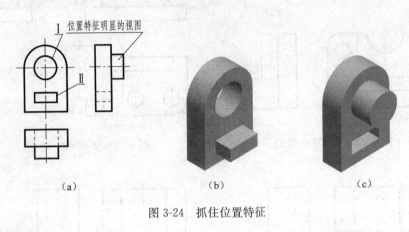

（a）　　　　　　　　（b）　　　　　　　　（c）

图 3-24　抓住位置特征

　　因此在识图时，抓住形状特征和位置特征视图来想象立体的空间形状，会起到事半功倍的效果。

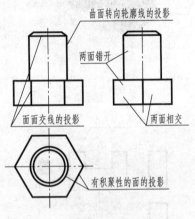

图 3-25　视图中线条和线框的含义

　　（3）明确视图中图线和线框的含义。视图是由若干个封闭线框构成的，而线框又是由若干条图线围成，如图 3-25 所示。

　　1）视图中线条的含义：①代表回转面的转向轮廓线（转向素线）；②代表具有积聚性的平面或回转面；③代表平面与平面、平面与回转面等的交线。

　　2）视图中封闭线框的含义：①一个封闭线框代表单一平面或单一回转面的投影或一个组合面；②视图中的相邻线框一般情况下表示物体上相邻的两个相交表面或错位的两个表面；③当大线框套小线框时，常常表示在大的表面上凸出或凹下去一个小的平面体或曲面体，如图 3-25 所示的圆柱是从六棱柱上凸出来的。

　　（4）识图时注意虚线的含意。比较图 3-26（a）和图 3-26（b）所示两个立体的三视图，左视图完全相同，主视图的形状基本相同，只有 A 和 B 所指示的三条线是粗实线。而 A_1 和 B_1 指示的三条线是虚线，俯视图的右侧略有差别，但这两个立体的形状却有很大差别，如图 3-26 所示的立体图。由国家标准规定可知，虚线所表示的是不可见结构，是孔、槽或孔、槽中的结构。

　　2. 识图的基本方法

　　（1）形体分析法。利用形体分析法识图就是将组合体的视图按线框分解为若干个部分，找出各视图中的相关部分，分别想象出各个部分的形状，然后综合起来，把各个组成部分按图示位置加以组合，构思出立体的整体形状，如图 3-27 所示。

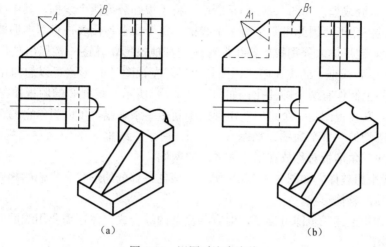

图 3-26　识图时注意虚线

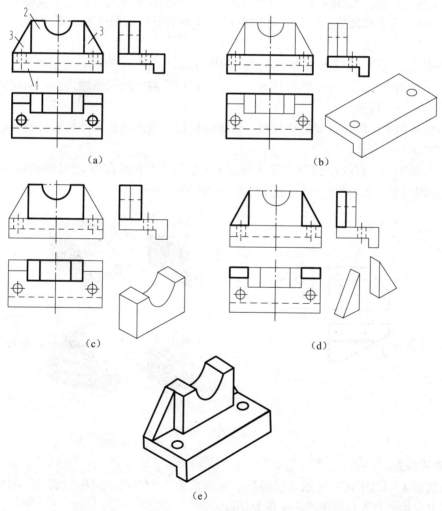

图 3-27　用形体分析法识图
(a) 将主视图分为四个线框；(b) 线框 1 所对应的基本形状；(c) 线框 2 所对应的基本形状；
(d) 线框 3 所对应的基本形状；(e) 综合起来想整体

1）找特征，分线框。如图 3-27（a）所示，将主视图分为四个线框，其中线框 3 为左右两个完全相同的三角形，因此可归结为三个线框。每个线框各代表一个基本形体。

2）对投影，定形体。分别找出各线框对应的其他投影，并逐一构思出他们的形状。如图 3-27（b）所示，线框 1 的主、俯二视图是矩形，左视图是 L 形，可以想象出其立体形状是一块弯板，板上制作有两个圆柱孔；如图 3-27（c）所示，线框 2 的俯视图是一个矩形中间多两条直线，其左视图是一个矩形，矩形的中间多一条虚线，可以想象它的立体形状是一个长方体上中部切掉一个半圆槽；如图 3-27（d）所示，线框 3 的俯、左二视图都是矩形，因此它们是两块三角形板对称放在组合体的左右两侧。

3）综合起来想整体。如图 3-27（e）所示，根据各部分的形状和它们的相互位置综合起来构思出组合体的整体形状。

一般组合体用上述三步即可读懂，但有些复杂的综合式立体还需要用线面分析法构思某些局部难点结构。

（2）线面分析法。当形体被多个平面切割、形体的形状不规则或在某个视图中形体结构的投影重叠时，应用形体分析法往往难以分析，这种情况可运用线面分析法进行分析，如图 3-28 所示。

1）根据投影规律，想象出立体的原型为四棱柱体，如图 3-28（b）所示。

2）在主视图中，斜线 A 是四棱柱被一正垂面斜切后截面的积聚性投影，斜切后形成的形体如图 3-28（c）所示。

3）在俯视图中，斜线 B 是四棱柱被一铅垂面斜切后截面的积聚性投影，斜切后形成的形体如图 3-28（d）所示。

4）在左视图中，直线 C 和 D 是形体的前上方被两个互相垂直的平面切割后截面的积聚性投影，同理可想象出切割后形体的形状如图 3-28（e）所示。

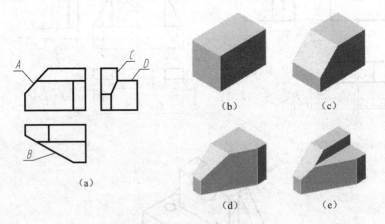

图 3-28　应用线面分析法看图

⚙ 【任务实施】

任务实施 1　如图 3-29 所示，根据两个视图求第三个视图（简称二求三）的实质是识图，同时也是检查是否识懂图的一个重要手段。

根据给出的两个视图，可以看到物体是由底板、前半圆板和后立板组合而成，然后分别被切去一个通槽和一个通孔，如图 3-29 所示。

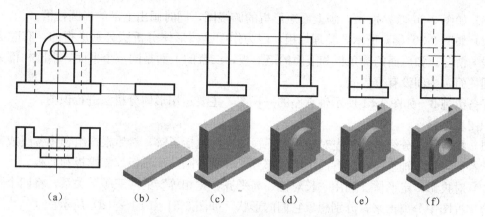

图 3-29　二求三的作图方法和步骤

（a）已知两视图；（b）补画底板；（c）补画后立板；（d）补画前半圆板；（e）补画通槽；（f）补画通孔

任务实施 2　如图 3-30 所示，由形体分析法可以看出，组合体的后面是一块带圆角和两个圆柱孔的长方形板，前下方是一个切除一个斜面和一个方槽的长方形板，在它的上方又叠加一块矩形板，在此板及后面圆角板的上部挖去一个半圆柱槽。画第三视图是按形体分析法、局部按线面分析法和长对正、高平齐、宽相等三个相等关系顺序作图。

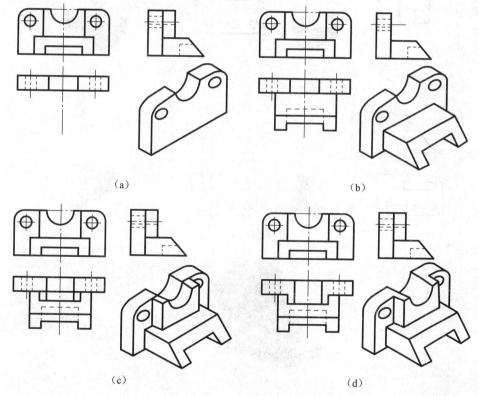

（a）　　　　　　　　　　（b）

（c）　　　　　　　　　　（d）

图 3-30　由主、左视图补画俯视图

作图步骤：

（1）如图 3-30（a）所示，画圆角板的俯视图，包括两个圆柱孔和半圆槽。

（2）如图 3-30（b）所示，画斜面槽板的俯视图，先画出长方形，再切去斜面和槽。

（3）如图 3-30（c）所示，画上面矩形板的俯视图，同时画出上部的半圆柱槽。

（4）如图 3-30（d）所示，整理加粗，因为作图是按形体分析法分别进行的，有时会出现多线的情况。如后面的圆角板和上面的矩形板，二者的上面是同一个平面，半圆柱槽为同一个圆柱面，中间没有分界线。

任务实施 3　如图 3-31 所示轴承座的三视图，主要运用形体分析法进行识图。

识图步骤：

（1）找特征，分线框。首先对轴承座三视图进行概括了解，然后根据组合体各组成部分的形状特征，找出轴承座中具有四个组成部分，分别为圆筒、底板、支撑板和肋板。

（2）对投影，定形体。利用"长对正、高平齐、宽相等"的"三等"关系，将四个形体从组合体视图中分离出来，分别想象它们的形状，如图 3-31（a）～（d）所示。

（3）综合起来想整体。根据想象的各个形体的空间形状，利用各个形体之间的相对位置关系，把它们综合起来想象，最后想象出轴承座的整体形状，如图 3-31（e）所示。

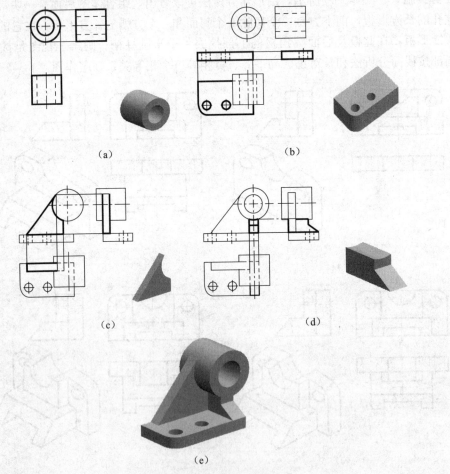

图 3-31　轴承座三视图的识读

【知识延伸】

两回转体相贯时其相贯线一般为空间曲线。但在特殊情况下，也可能是平面曲线或是直线。当两个回转体具有公共轴线时，其相贯线为圆，如图 3-32 所示。

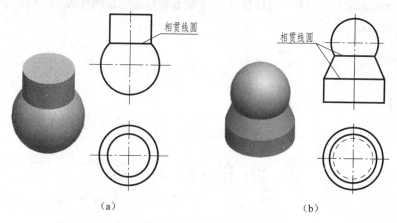

图 3-32　相贯线的特殊情况（一）

当圆柱与圆柱相交且直径相等时，其相贯线为两个椭圆。在两回转体轴线同时平行的投影面上，椭圆的投影成为直线，如图 3-33（a）所示。图 3-33（b）所示为内孔相贯的特殊情况。

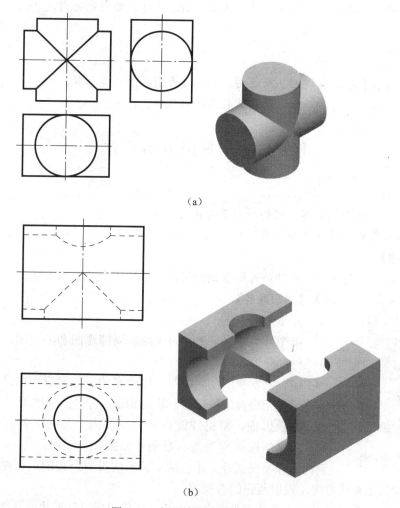

图 3-33　相贯线的特殊情况（二）

项目 4

机 件 的 表 示 法

【项目描述】

　　在生产实际中，当机件的结构、形状较复杂时，除了采用三个视图表达外，还需用其他的表示方法——视图、剖视图、断面图、局部放大图等规定画法来表达。本项目主要介绍各种表示方法，并根据机件的结构特点恰当地选用这些表示方法。

【教学目标】

　　(1) 掌握视图、剖视图、断面图、局部放大图的画法与标注。

　　(2) 综合运用各种表示方法表达较复杂的机件。

任务 4.1　用视图表示机件

【教学目标】

(1) 掌握基本视图、局部视图和斜视图的表达方法。

(2) 掌握视图的标注方法和注意事项。

【任务描述】

如图 4-1 所示，为了表达清楚该外形复杂的机件，请选用合适表示方法。

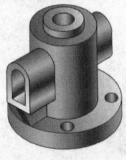

图 4-1　外形复杂机件

【知识准备】

　　1. 视图

　　视图分为基本视图、向视图、局部视图和斜视图，主要用于表达机件的外形。

　　(1) 基本视图及向视图。在原来的三个投影面的基础上，再增加三个互相垂直的投影面，从而构成一个正六面体的六个侧面，称为基本投影面。将机件放在正六面体内，分别向各基本投影面投射，所得的视图称为基本视图，如图 4-2 所示。其中，除主视图、俯视图和左视图外，还包括从后向前投射所得的后视图、从下向上投射所得的仰视图和从右向左投射所得的右视图。

　　实际使用时，并不是要将六个基本视图全画出来，而是根据机件形状的复杂程度和结构

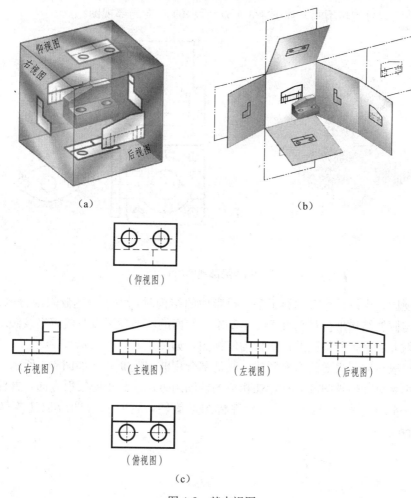

图 4-2　基本视图

(a) 基本视图投影方式；(b) 基本视图展开；(c) 六个视图

特点，选择若干个基本视图，一般优先选用主、俯、左三个视图。视图中通常只画出机件的可见部分，必要时才用虚线画出其不可见部分。

自由配置的基本视图称为向视图。向视图必须标注。

(2) 局部视图。将机件的某一部分向基本投影面投射所得的视图称为局部视图。

如图 4-3 所示的机件用主、俯两个基本视图表达了主体形状，但左、右两边凸缘形状不够清晰，如再用左视图和右视图表达，则大部分重复。采用 A、B 两个局部视图来表达凸缘形状，则既简单又清晰。

画局部视图时应注意以下几点：

1) 画局部视图时可按向视图的配置形式配置并标注。一般在局部视图上方标注视图的名称"×"，在相应的视图附近用箭头指明投射方向，并注上相同的字母，如图 4-3 (b) 所示。当局部视图按投影关系配置，且中间无其他图形隔开时，可省略标注，如图 4-3 (b) 所示的 B 向局部视图。

2) 局部视图断裂处的边界线用波浪线表示，如图 4-3 (b) 所示的 B 向局部视图。注意，波浪线不应超出机件实体的投影范围。当所表示的局部结构是完整的，且外形轮廓线又呈封闭时，波浪线可省略不画，如图 4-3（b）所示的 A 向局部视图。

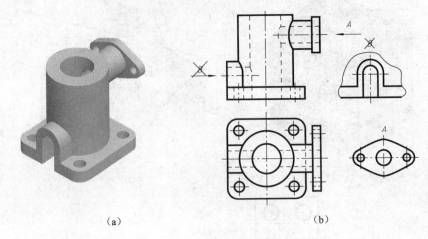

（a）   （b）

图 4-3　局部视图的画法

　　（3）斜视图。当机件上有倾斜于基本投影面的结构时，为了表达倾斜部分的真实形状，可设置一个与倾斜结构平行且垂直于一个基本投影面的辅助投影面，然后将该倾斜结构向辅助投影面投射并展平，所得到的视图称为斜视图，如图 4-4（a）所示。

　　斜视图只表达倾斜表面的真实形状，其他部分用波浪线断开，如图 4-4 所示。在斜视图的上方必须用字母标出视图的名称，在相应的视图附近用箭头指明投射方向，并注上同样的字母，如图 4-4（b）所示。必要时，允许将图形旋转，这时斜视图应加注旋转符号，如图 4-4（c）所示。

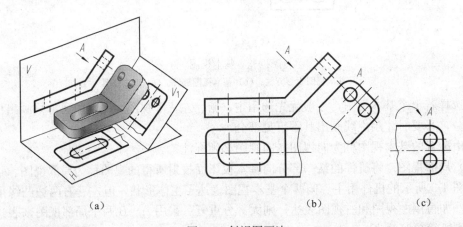

（a）   （b）   （c）

图 4-4　斜视图画法

⚙ 【任务实施】

　　如图 4-1 所示的机件左右不对称，外形较复杂，除了用基本视图表达外，还需要使用局部视图补充。

　　如图 4-5 所示，用主、俯两个基本视图已清楚地表达了主体形状，但为了表达左、右两个凸缘的形状，可采用左、右两个局部视图，只画出所需表达的左、右凸缘形状，则表达方案既简练又突出了重点。

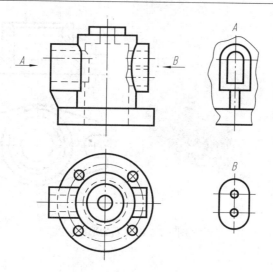

图 4-5 复杂机件的表达

任务 4.2 用剖视图表示机件

【教学目标】

(1) 掌握剖视图的表达方法。

(2) 掌握各种剖视图的标注方法和注意事项。

【任务描述】

如图 4-6 所示,为了看清机件的内部结构,假想用一个平面将其剖开,把处在观察者和剖切面之间的部分移开,剩余部分向投影面投射,讨论机件三视图将出现什么变化。

【知识准备】

1. 剖视图的形成

当机件的内部结构比较复杂时,视图上就会出现较多的虚线,这不仅影响视图的清晰,给看图带来困难,也不便于画图和标注尺寸。为了将机件内部结构表达清楚,又避免出现较多的虚线,可采用剖视图的方法来表达。

假想用剖切面剖开机件,将处于观察者和剖切面之间的部分移去,而将其余部分向投影面投射所得到的图形称为剖视图,简称剖视,如图 4-7 所示。

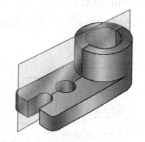

图 4-6 机件及其投影视图

画剖视图时应注意以下问题:

(1) 剖开机件是假想的,并不是真正把机件切掉一部分,因此,对每一次剖切而言,只有一个视图绘制成剖视图,其他视图应按完整的机件画出,不能只画一半,如图 4-7 (b) 所示的俯视图。

(2) 剖切后,留在剖切平面上的部分,应全部向投影面投射,用粗实线画出所有可见部分的投影。如图 4-8 所示,箭头所指的图线是画剖视图时容易漏画的图线,画图时应特别注意。

(3) 在剖视图中,已表达清楚不可见的结构,其虚线可以省略不画。

在剖视图中,剖面区域一般应画出剖面符号,以区分机件上被剖切到的实体部分和未剖

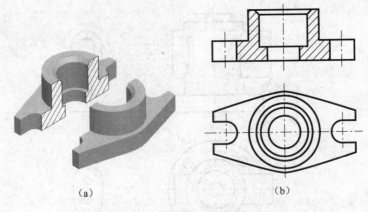

图 4-7　剖视图的形成

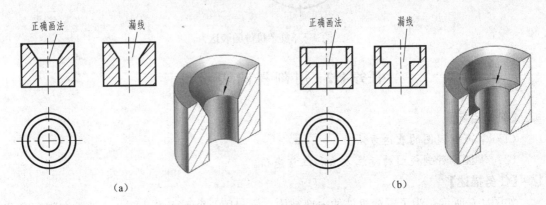

图 4-8　剖视图注意事项

切到的空心部分。根据各种机件所使用的不同材料，制图标准规定了各种材料的剖面符号。部分材料的剖面符号见表 4-1。

表 4-1　　　　　　　　　　　　　　部 分 剖 面 符 号

金属材料（已有规定剖面符号者除外）		非金属材料（已有规定剖面符号者除外）		木材纵剖面	
玻璃及供观察用的其他透明材料		型砂、填砂、粉末冶金、砂轮、陶瓷刀片、及硬质合金刀片等		线圈绕组元件	
混凝土		钢筋混凝土		液体	
转子、电枢、变压器和电抗器等的叠钢片		网格		胶合板	

不需要在剖面区域中表示材料的类别时，可采用通用剖面线表示。通用剖面线应以适当角度的细实线绘制，最好与主要轮廓线或剖面区域的对称线呈 45°角，如图 4-9 所示。若需要在剖面区域中表示材料的类别时，则应采用国家标准规定的剖面符号。在同一机件的各个剖视图和断面图中，所有剖面线的倾斜方向应一致、间隔要相同。

图 4-9　通用剖面线的画法

2. 剖视图的配置与标注

剖视图一般按投影关系配置，如图 4-7 所示的主视图和图 4-10 所示的 A—A 剖视图；也可根据图面布局将剖视图配置在其他适当位置，如图 4-10 所示的 B—B 剖视图。

为了读图时便于找出投影关系，剖视图一般需要用剖切符号标注剖切面的位置、投射方向和剖视图名称。剖切平面的起、讫和转折位置通常用长约 5～10mm，线宽 1～1.5 倍的粗实线表示，它不能与图形轮廓线相交，在剖切符号的起、讫和转折处注上字母、投影方向，如图 4-10 所示的主视图。剖视图名称是在所画剖视图上方用相同的字母标注，如图 4-10 所示的 A—A、B—B 剖视图。

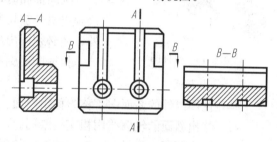

图 4-10　剖视图的配置与标注

在下列两种情况下，可省略或部分省略标注：

（1）当剖视图按投影关系配置，且中间又没有其他图形隔开时，由于投射方向明确，可省略箭头，如图 4-10 所示的 A—A 剖视。

（2）当单一剖切平面通过机件的对称面或基本对称面，同时又满足情况（1）的条件，此时，剖切位置、投射方向以及剖视图都非常明确，故可省去全部标注，如图 4-7 所示。

⚙ 【任务实施】

（1）准备好绘图工具，绘制主、俯视图如图 4-11 所示。

（2）在主视图上虚线改画成粗实线，擦去剖切后主视图上的部分轮廓线，并在剖切面与机件相交得出的剖切面上填充剖面线，俯视图图形不变，如图 4-12 所示。

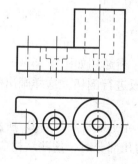

图 4-11　机件的主视、俯视图

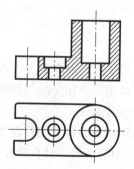

图 4-12　剖视图绘制

任务4.3 用断面图表示机件

📢【教学目标】

(1) 掌握断面图的表达方法。

(2) 掌握断面图的标注方法和注意事项。

📝【任务描述】

如图 4-13 所示，为了表达清楚该轴承的结构，请选用合适表达方法。

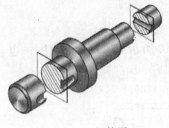

图 4-13 机件图

💬【知识准备】

假想用剖切面将机件的某处切断，仅画出断面的图形，称为断面图（简称断面）。

画断面图时，应特别注意断面图与剖视图的区别，断面图仅画出机件被切断处的断面形状，而剖视图除了画出断面形状外，还必须画出剖切面之后的可见轮廓线。

根据断面图配置的位置，断面可分为移出断面和重合断面。

1. 移出断面

画在视图以外的断面图，称为移出断面。画移出断面时，应注意以下几点：

(1) 移出断面的轮廓线用粗实线绘制。

(2) 移出断面应尽量画在剖切位置线的延长线上，如图 4-14 (b)、(c) 所示。必要时，也可配置在其他适当位置，如图 4-14 (a)、(d) 所示。当断面图形对称时，还可画在视图的中断处，如图 4-15 (b) 所示；也可按投影关系配置，如图 4-16 所示。

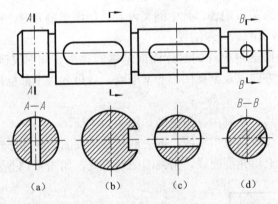

图 4-14 移出断面（一）

(3) 剖切平面一般应垂直于被剖切部分的主要轮廓线。当遇到如图 4-15 (c) 所示的肋板结构时，可用两个相交的剖切面，分别垂直于左、右肋板进行剖切。这样画出的断面图，中间应用波浪线断开。

(4) 当剖切平面通过回转面形成的孔（见图 4-16）、凹坑〔见图 4-14 (d) 所示的 B—B 断面〕，或当剖切平面通过非圆孔，会导致出现完全分离的几部分时，这些结构应按剖视绘制，如图 4-17 所示的 A—A 断面。

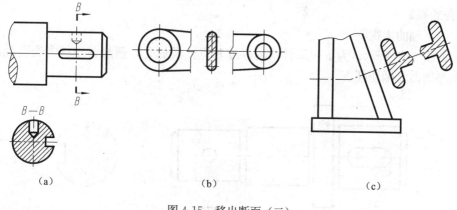

图 4-15   移出断面（二）

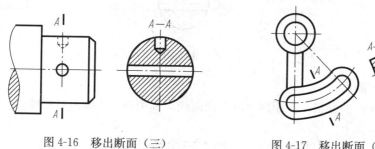

图 4-16   移出断面（三）   图 4-17   移出断面（四）

移出断面的标注应注意以下几点：

（1）配置在剖切线延长线上的不对称移出断面，要用粗短画表示剖切面位置，在粗短画两端用箭头表示投射方向，省略字母，如图 4-14（b）所示。如果断面图是对称图形，画出剖切线，其余省略，如图 4-14（c）所示。

（2）没有配置在剖切线延长线上的移出断面，无论断面图是否对称，都应画出剖切面位置符号，用字母标出断面图名称"×—×"，如图 4-14（a）所示。如果断面图不对称，还要用箭头表示投射方向，如图 4-14（d）所示。

（3）按投影关系配置的移出断面可省略箭头，如图 4-18 所示。

2. 重合断面

将断面图绕剖切位置线旋转 90°后，与原视图重叠画出的断面图，称为重合断面。

重合断面的轮廓线用细实线绘制，如图 4-19 所示。当视图中的轮廓线与重合断面的图形重叠时，视图中的轮廓线仍需完整地画出，不能间断，如图 4-19 所示。

不对称重合断面，须画出剖切面位置符号和箭头，可省略字母，如图 4-19 所示。对称的重合断面，可省略全部标注。

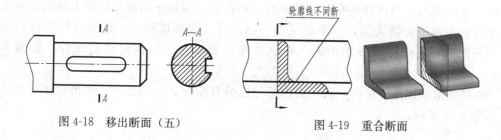

图 4-18   移出断面（五）   图 4-19   重合断面

⚙ **【任务实施】**

（1）绘制轴的主视图。

（2）如图 4-20 所示，为了表示键槽的深度和宽度及通孔，假想在键槽和通孔处用垂直于轴线的剖切面将轴切断。

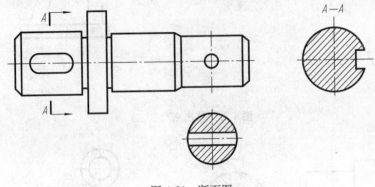

图 4-20　断面图

（3）绘制移出断面。

（4）只画出断面的形状，在断面上画出剖面线。其中 *A—A* 需进行标注。

任务 4.4　机件表示法的综合应用

🔊 **【教学目标】**

掌握使用视图、剖视图、断面图等表示机件内、外构造的方法与步骤。

✐ **【任务描述】**

如图 4-21 所示底座支架，对底座支架提出几种表达方案并进行比较。

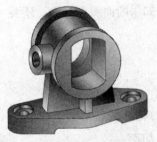

图 4-21　支架

💬 **【知识准备】**

1. 剖视图的种类

按机件被剖开的范围，剖视图可分为全剖视图、半剖视图和局部剖视图三种。

（1）全剖视图。用剖切面完全剖开机件所获得的剖视图，称为全剖视图。前述的各剖视图例均为全剖视图。

由于全剖视图是将机件完全剖开，机件外形的投影受影响，因此，全剖视图一般适用于外形简单、内部形状较复杂的机件，如图 4-22 所示。

（2）半剖视图。当机件具有对称平面时，向垂直于对称平面的投影面上投射所得的图形，允许以对称中心线为界，一半画成剖视图，另一半画成视图，这样获得的剖视图称为半剖视图。半剖视图主要用于内、外形状都需要表达、结构对称的机件，如图 4-23 所示。

当机件的形状接近于对称，且不对称部分已另有图形表达清楚时，也可以画成半剖视图，如图 4-24 所示。

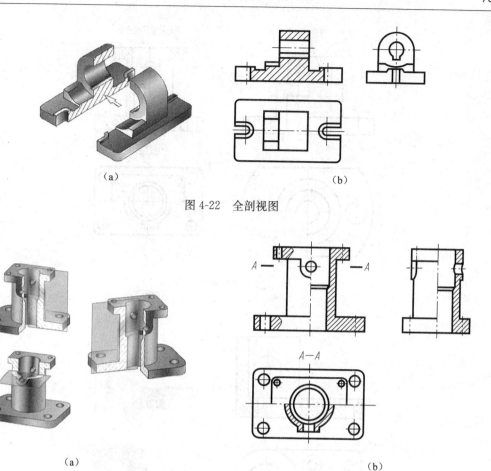

图 4-22 全剖视图

（a）　　　　　　　　　　　　　　　（b）

图 4-23 半剖视图（一）

画半剖视图时必须注意以下问题：

1）半剖视图中，因机件的内部形状已由半个剖视图表达清楚，所以在不剖的半个外形视图中，表达内部形状的虚线应省去不画，如图 4-25 中的主视图所示。

2）画半剖视视图，不影响其他视图的完整性。所以，如图 4-25 所示的主视图采用半剖，俯视图不应缺少四分之一图形。

3）半剖视图中间的对称线应画成点画线，如图 4-25 所示。

4）局部剖视图。用剖切面局部地剖开机件所获得的剖视图，称为局部剖视图。局部剖视图应用比较灵活，适用范围较广。常见情况如下：

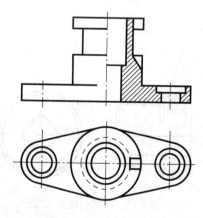

图 4-24 半剖视图（二）

a. 需要同时表达不对称机件的内外形状时，可以采用局部剖视，如图 4-26 所示。

b. 虽有对称面，但轮廓线与对称中心线重合，不宜采用半剖视图时，可采用局部剖视图，如图 4-27 所示。

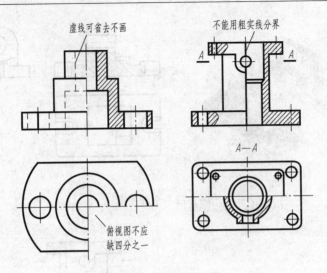

图 4-25　半剖视图（三）

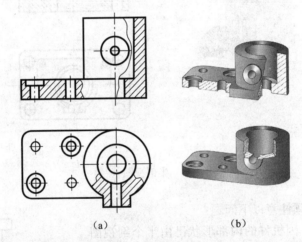

（a）　　　　　　　　　　（b）

图 4-26　局部剖视图（一）

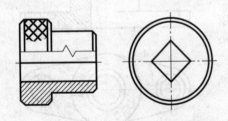

图 4-27　局部剖视图（二）

c. 实心轴中的孔槽结构，宜采用局部剖视图，以避免在不需要剖切的实心部分画过多的剖面线。

d. 表达机件底板、凸缘上的小孔等结构。

局部剖视图剖切范围的大小主要取决于需要表达的内部形状。

画波浪线时应注意以下几点：

1）波浪线不应画在轮廓线的延长线上，也不能用轮廓线代替波浪线，如图 4-28（a）所示。

2）波浪线不应超出视图上被剖切实体部分的轮廓线，如图 4-28（b）中的主视图所示。

3）遇到零件上的孔、槽时，波浪线必须断开，不能穿孔（槽）而过，如图 4-28（b）中的俯视图所示。

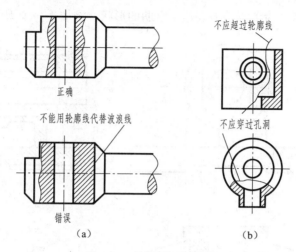

图 4-28　局部剖视图（三）

2. 表达方法选用原则

在绘制图样时，确定机件表达方案的原则是：在完整、清晰地表达机件各部分内外结构形状及相对位置的前提下，力求看图方便，绘图简单。因此，在绘制图样时，应针对机件的形状、结构特点，合理、灵活地选择表达方法，并进行综合分析、比较，确定出最佳的表达方案。

（1）视图数量应适当。在看图方便的前提下，完整、清晰地表达机件，视图的数量要减少，但也不是越少越好，如果由于视图数量的减少而增加了看图的难度，则应适当补充视图。

（2）合理地综合运用各种表达方法。视图的数量与选用的表达方案有关。因此，在确定表达方案时，既要注意使每个视图、剖视图、断面图等具有明确的表达内容，又要注意它们之间的相互联系及分工，以达到表达完整、清晰的目的。在选择表达方案时，应首先考虑主体结构和整体的表达，然后针对次要结构及细小部位进行修改和补充。

（3）比较表达方案，择优选用。同一机件往往可以采用多种表达方案。不同的视图数量、表达方法和尺寸标注方法可以构成多种不同的表达方案。同一机件的几种表达方案相比较，可能各有优缺点，但要认真分析，择优选用。

🔧 【任务实施】

　　方案一　如图 4-29 所示，采用主视图和俯视图，并在俯视图上采用了 A—A 全剖视表达支架的内部结构，十字肋的形状是用虚线表示的。

　　方案二　如图 4-30 所示，采用主、俯、左三个视图。主视图上作局部剖视，表达安装孔；左视图采用全剖视，表达支架的内部结构形状；俯视图采用了 A—A 全剖视，表达了左端圆锥台内的螺孔与中间大

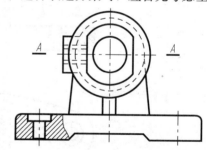

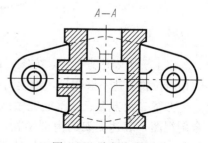

图 4-29　支架方案一

孔的关系及底板的形状。为了清楚地表达十字肋的形状，增加了一个 $B—B$ 移出断面图。

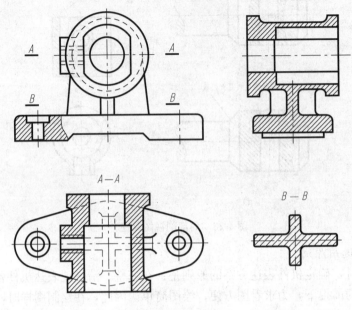

图 4-30　支架方案二

方案三　如图 4-31 所示，主视图和左视图作了局部剖视，使支架上部内、外结构形状表达得比较清楚，俯视图采用了 $B—B$ 全剖视表达十字肋与底板的相对位置及实形。

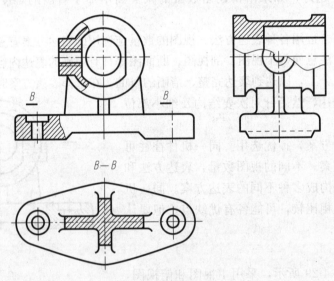

图 4-31　支架方案三

以上三个表达方案中，方案一虽然视图数量较少，但因虚线较多图形不够清晰；各部分的相对位置表达不够明显，给读图带来一定困难，所以方案一不可取。

方案二及方案三，都能完整地表达支架的内外部结构形状，方案二的俯、左视图均为全剖视图，表达支架的内部结构；方案三的主、左视图均为局部剖，不仅表达清楚支架的内部结构，而且保留了部分外部结构，使得外部形状及其相对位置的表达优于方案二。

再比较俯视图，两方案对底板的形状均已表达清楚。但因剖切平面的位置不同，方案二的 $A—A$ 剖视仍在表达支架内部结构和螺孔；方案三 $B—B$ 剖切的是十字肋，使俯视图突出表现了十字肋与底板的形状及两者的位置关系，从而避免重复表达支架的内部结构，并省去一个断面图。

【技能训练】

绘制机件剖视图。在 A3 图纸上绘制如图 4-32 所示机件的三视图，并绘出剖切符号。

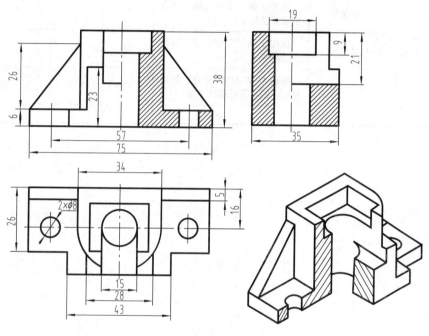

图 4-32　剖视图绘制

1. 制图准备

准备好 A3 图纸和制图工具，固定图纸。

2. 绘制三视图

选择适当比例绘制该机件的三视图。

3. 处理图线

在主视、左视图中，按照剖切后的图线进行图形处理。

4. 填充、标注

处理完实线和虚线后，填充阴影，描深图线，洁净图面。

5. 考核标准

（1）总结。根据训练目标，学生做出个人总结，内容包括知识和技能的掌握情况、存在问题、努力方向等；教师对全班的阶段性训练进行总结，包括是否完成教学目标、存在问题、如何改进等。

（2）考核。根据实践训练的要求，通过学生自评及教师评，得出学生本阶段训练的最终成绩，见表 4-3。

表 4-3　　　　　　　　　　　考 核 标 准

项　目		要　求	分值	自评	教师评	得分
职业素养（50分）	态度	工具、用品准备充分；遵守纪律、按要求认真绘制	20			
	过程	绘图计划完整，绘制过程合理，方法正确，在规定时间内完成任务	30			
职业能力（50分）	平面图形	图形正确，线型正确，符合剖视图绘制要求	20			
	尺寸标注	标注正确、完整，符合剖视图绘制要求	15			
	图面质量	图面布置匀称、合理，图面整洁，图框及标题栏正确	15			
总分			100			

项目 5

工 程 图 样 的 识 绘

【项目描述】

工程技术中，根据投影原理及国家标准规定绘制，用于表示工程对象的形状、大小及技术要求的图，称为工程图样。工程图样不仅是指导生产的重要技术文件，也是进行技术交流的重要工具，所以工程图样有"工程界的语言"之称，图样的绘制和识读是工程技术人员必须掌握的技能。根据用途工程图样分为机械工程图、电气工程图、建筑工程图等，本项目主要研究机械工程图样的绘制和识读。

【教学目标】

（1）了解零件图的内容，理解零件图中国家标准规定及技术要求的含义。

（2）初步具备确定零件图视图表达方案的能力。

（3）具备识读简单零件图和装配图的能力。

任务 5.1 绘制直齿圆柱齿轮零件图

【教学目标】

（1）了解零件图的作用及其包含的基本内容。

（2）熟悉合理确定零件图表达方案的基本方法。

（3）了解尺寸基准概念，熟悉尺寸标注方法。

（4）了解零件技术要求。

（5）掌握直齿圆柱齿轮零件图的绘制方法。

【任务描述】

如图 5-1 所示齿轮，确定合理的表达方案并绘制零件图。

【知识准备】

1. 零件图的作用与内容

（1）零件图的作用。表达一个零件的形状、大小和技术要求的图样，称为零件图。零件图是制造零件和检验零件的依据，是技术交流的重要资料。

（2）零件图的内容。零件图要准确反映设计思想并提出相应的质量要求。如图 5-2 所示，一张完整的零件图应包括以下基本内容：

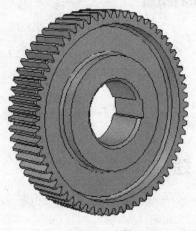

图 5-1 齿轮

1）一组图形。根据零件的结构特点，恰当运用机件的各种表示法，用最简明的表达方案，正确、完整、清晰地将零件的形状、结构表达出来。

2）全部尺寸。正确、齐全、合理地标注出制造和检验零件所必需的全部尺寸。

3）技术要求。用规定的符号、代号、标记、文字注解等，说明零件在使用、制造和检验时应达到的技术指标，如表面粗糙度、尺寸公差、形状和位置公差、热处理等。

4）标题栏。标题栏应尽量采用国家标准推荐的格式绘制。标题栏的内容一般包括零件的名称、数量、材料、绘图比例、图号及设计、绘图、审核人员的责任签名等。

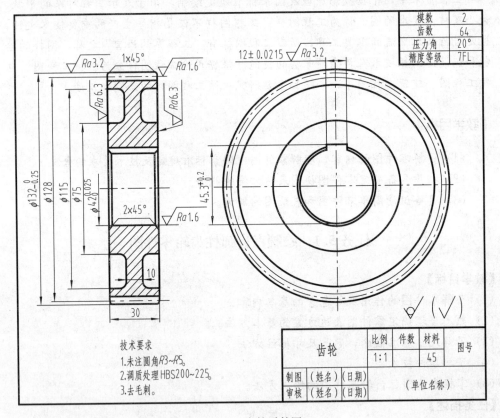

图 5-2　齿轮零件图

2. 确定零件的表达方案

零件的表达方案，是指运用机件的各种表达方法（视图、剖视图、断面图等），用一组图形正确、完整、清晰地将零件的内、外结构形状表达出来。通过下面的方法，可以比较合理的确定零件表达方案。

（1）零件的分析。通过分析了解零件的结构形状特征、功用、装配关系及制造加工方法，分清主要部分和次要部分。

（2）选择主视图。主视图是零件图的核心。主视图的选择直接影响整个表达方案的合理性，影响其他视图的选择，关系到画图、读图是否简便。选择主视图应考虑以下几个原则：

1）形状特征原则。选择最能反映零件形状、结构特征以及各形体之间的相互位置关系的视图作为主视图。

2）加工位置原则。按照零件在主要加工工序中的装夹位置选取主视图，这样便于加工者看图。

3）工作位置原则。按照零件装配在机器或部件中工作时的位置选取主视图，这样有利于零件图和装配图对照，便于看图和画图，同时容易了解零件在机器中的工作情况。

一个零件的主视图，并不一定能完全符合上面三条原则，有时零件的加工工序较多、加工位置多变，有时零件在工作时是运动件，工作位置不固定或倾斜，这种情况可考虑将零件按自然安放位置画主视图。在选择主视图时，应根据不同零件的特征，突出重点，灵活运用以上原则。

（3）选择其他视图。对于结构形状比较复杂的零件，当用主视图不能完全表达出其结构形状时，必须选用其他视图表达。其他视图的选择应考虑以下原则：

1）在完整、清晰表达出零件结构形状的前提下，尽量减少视图数量，以方便看图、作图。

2）零件的主要结构形状优先选用基本视图，或在基本视图上剖视；次要结构、细节、局部形状等可以采用局部视图、局部放大图、断面图等表示。

3）每个视图都有明确的表达重点，各个视图互相配合、互相补充，表达内容尽量不重复。

3．零件图的尺寸标注

零件各部分的大小及其相互位置由标注的尺寸决定，尺寸是加工、检验零件的重要依据。标注尺寸应该首先确定尺寸基准，即零件在设计、制造和检验时度量尺寸的起点。根据基准的作用不同，把基准分为设计基准和工艺基准。在零件设计时，用以确定零件在机器中的位置所选定的点、线、面，称为设计基准。每个零件的长、宽、高三个方向都各有一个唯一的设计基准。零件在加工过程中，用以装夹定位或用于测量所依据的点、线、面，称为工艺基准。在零件的加工、测量过程中，长、宽、高三个方向都至少有一个工艺尺寸基准，同一方向上可以有多个工艺基准，其中最重要的一个称为主要基准，其余的称为辅助基准。辅助基准与主要基准之间必须有直接的尺寸联系。

❀ 【任务实施】

1．确定表达方案

（1）分析。齿轮是常用传动零件，用于传递运动和动力，如图 5-1 所示，其主要结构是同轴线的内外圆柱体及均匀分布于表面的轮齿，内孔处的键槽是次要结构，加工的主要工序是车削、滚齿。

（2）选择主视图。主视图投影方向按车削加工位置选择，轴线水平放置，为了表达凹槽及内孔结构形状，采用全剖视图。

（3）其他视图的选择。选择左视图表达齿轮端面及键槽的结构形状。

2．绘制零件图

（1）选择 1∶1 比例，A3 图幅，按制图标准绘制图框、标题栏；在图幅右上角绘制表格，用于表示齿轮主要参数等，并画出主、左视图作图基准线，如图 5-3 所示。

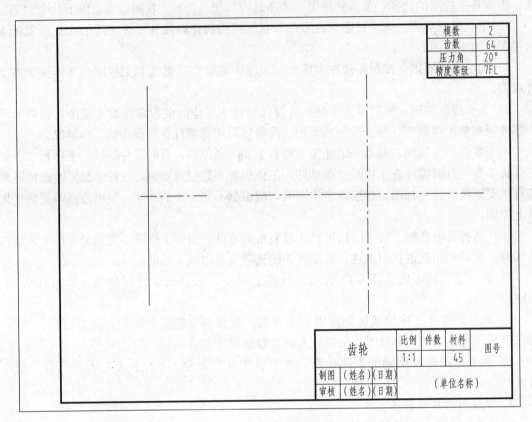

模数	2
齿数	64
压力角	20°
精度等级	7FL

齿轮	比例	件数	材料	图号
	1:1		45	
制图	(姓名)	(日期)	（单位名称）	
审核	(姓名)	(日期)		

图 5-3　绘制图框及作图基准线

（2）绘制主、左视图。分别画出齿轮各部分结构的轮廓线，其中齿轮的轮齿部分结构形状尺寸已经标准化，画法规定如下：

1）齿顶圆和齿顶线用粗实线绘制；分度圆和分度线用细点画线绘制；齿根圆和齿根线用细实线绘制，也可省略不画。

2）在剖视图中，齿根线用粗实线绘制，轮齿部分不画剖面线。

3）对于斜齿或人字齿的圆柱齿轮，可用三条细实线表示轮齿的方向。

齿轮的其他结构按投影画出，如图 5-4 所示。

3.标注尺寸

（1）首先选择基准，齿轮通过端面定位确定其轴向位置，以 $\phi42$ 内孔与轴配合确定径向位置，所以选择端面及 $\phi42$ 孔中心线为尺寸基准。

（2）分别标注各个形体的定形和定位尺寸，应注意键槽的深度尺寸按规定从其所在的圆柱面起标注，便于测量，如图 5-5 所示。

4.标注技术要求

技术要求是指零件在使用、制造及检验过程中应达到的技术指标。主要包括尺寸公差、形状和位置公差、表面粗糙度以及表面处理、热处理等。

（1）为了保证零件具有互换性，同时减少零件的制造难度以提高经济性，规定零件加工

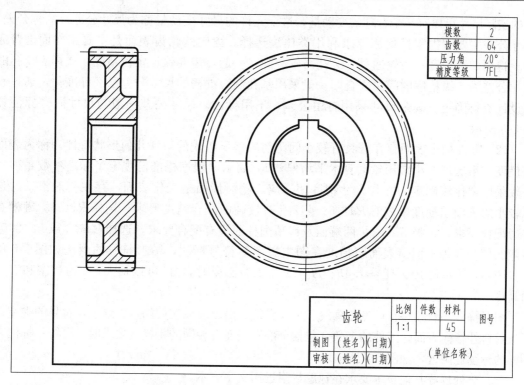

图 5-4　绘制主、左视图

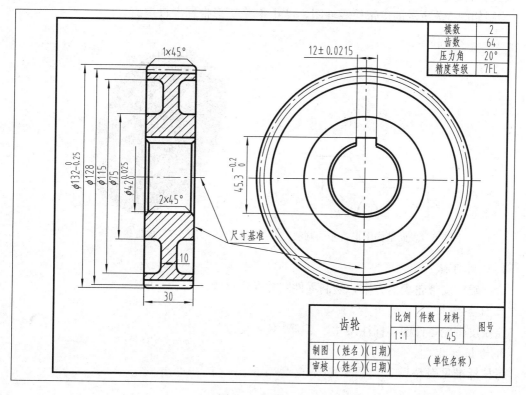

图 5-5　标注尺寸

后的实际尺寸可以有一个合理的变动量，这个允许的尺寸变动量称为尺寸公差，简称公差。尺寸公差主要根据零件使用要求利用类比法选择。齿轮的轮齿表面是主要工作面，普通齿轮选用 7 级精度；齿轮通过 $\phi42$ 孔与轴装配在一起，需要保证定位精度，选择 $\phi42$ 孔的尺寸公差为 7 级精度的间隙配合，一般采用基孔制；键槽的尺寸公差已经标准化，通过查找设计资料确定；其余尺寸采用自由公差，不用标注。尺寸公差一般与尺寸同时标注如图 5-5 所示。

　　（2）零件加工表面存在着具有较小间距与峰谷所组成的微观几何形状特性，称为表面粗糙度。粗糙度大小常用轮廓算术平均偏差 Ra 表示（国家标准已规定了标准参数系列），一般采用类比法确定，并与尺寸精度相适应。轮齿齿面是工作表面，存在相对滑动，选择较小的表面粗糙度参数值 $Ra1.6$；$\phi42$ 孔有较高的配合精度要求，选择 $Ra1.6$；键槽有普通配合要求，选择 $Ra3.2$；两端面及齿顶圆柱面没有配合要求，选择 $Ra6.3$ 或 $Ra12.5$；两侧凹槽为非加工面。表面粗糙度在图中用图形符号标注，图形符号的画法如图 5-6 所示。图中，$d'=h/10$、$H_1\approx1.4h$、$H_2\approx2.1H_1$，必要时，H_2 可以加大，h 为数字和字母的高度。

　　图形符号一般注写在可见轮廓线、尺寸界线、引出线或它们的延长线上，符号的尖端必须从材料外指向表面；工件的多数（包括全部）表面有相同的粗糙度要求时，可统一标注在图样的标题栏附近，如图 5-6 所示。

　　（3）热处理等其他技术要求在标题栏附近用文字表示。

🎧【技能训练】

　　绘制如图 5-7 所示的皮带轮零件图，尺寸参考 V 形带标准自定。

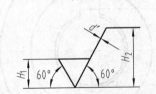

图 5-6　表面结构图形符号的画法　　　　　图 5-7　皮带轮

1. 训练目标

合理确定皮带轮表达方案，绘制零件图并标注尺寸。

2. 任务要求

绘制皮带轮零件图，标注尺寸，不标注技术要求。

3. 考核标准

考核标准见表 5-1。

表 5-1　　　　　　　　　绘制皮带轮零件图考核标准

项　目		要　求	分值	自评	教师评	得分
职业素养（40分）	态度	遵守纪律、按要求认真完成任务	20			
	过程	工作计划完整，实施过程合理，方法正确，在规定时间内完成任务	20			
职业能力（60分）	绘制零件图	结构分析正确，表达方案合理，绘图正确，符合国家标准要求	30			
	标注尺寸	基准正确，尺寸标注正确、完整、清晰、合理	30			
总分			100			

任务 5.2　识读中间轴零件图

📢 **【教学目标】**

（1）熟悉识读零件图的方法。

（2）正确识读中间轴零件图。

✏ **【任务描述】**

识读如图 5-8 所示的中间轴零件图。

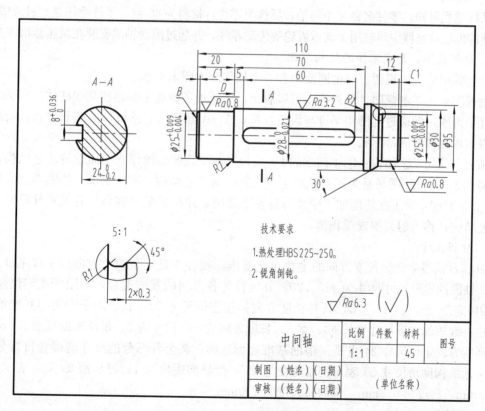

图 5-8　中间轴零件图

💬 【知识准备】

读零件图要做到看懂各个视图的投影关系和表达内容，想象出零件的结构形状；确定尺寸基准，理解各个定形和定位尺寸的含义，进而明确零件的大小及各形体的相对位置；理解图样上各种符号、代号的含义，即理解制造零件的技术要求，以便正确选择加工方法。读零件图的方法和步骤如下：

（1）概括了解。先看标题栏，由零件名称可以初步判断零件是属于轴类、机架类或箱体类零件，由材料可以初步判断零件毛坯类型等，然后通过装配图或其他途径了解零件的作用和与其他零件的装配关系，对零件有个初步认识。

（2）分析视图，想象零件的结构形状。首先分析视图的表达方案。从主视图开始，分析各个视图的表达方法和各视图的投影关系。然后利用形体分析法，结合零件上常见结构等知识，从组成零件的基本形体入手，由大到小，从整体到局部，想象出零件的结构形状，对于某些不易理解的结构采用面形分析法辅助分析。

（3）分析尺寸。对视图中标注的尺寸进行分析，明确尺寸基准，然后确定定形尺寸、定位尺寸和总体尺寸。

（4）了解技术要求。对零件图上的表面粗糙度、极限与配合、几何公差、文字说明等进行分析，作为制订加工工艺，组织加工生产的依据。

⚙ 【任务实施】

1. 概括了解

从标题栏可知，零件名称是中间轴，属轴类零件；材料为 45 钢，零件毛坯是型材或锻件；二级圆柱齿轮减速器中间轴用于支承齿轮等传动零件，并通过滚动轴承安装在减速器箱体上。

2. 分析视图，想象零件的结构形状

中间轴由一个主视图、一个断面图和一个局部放大图来表达。

主视图采用基本视图，从主视图可以看出，中间轴各轴段主要结构是圆柱体，在 $\phi 28$ 轴段上有平键槽，轴通过键槽用平键与齿轮连接；$A—A$ 断面图表达键槽的断面形状；局部放大图表达越程槽的局部形状。

轴上有几处工艺结构：①轴两端的 $C1$ 是为了便于装配和操作安全而设的工艺结构，称为倒角；②三处 $R1$ 圆角是为了避免产生应力集中的工艺结构，称为倒圆；③右侧 $\phi 25$ 轴段上 2×0.3 的槽是为了在切削加工中使刀具易于退出，并在装配时容易与有关零件靠紧而设的工艺结构，称为退刀槽或越程槽。

3. 分析尺寸

图中 B 面是中间轴长度方向的主要工艺基准，轴心线是其余两个方向的主要基准。左端 $\phi 25$ 轴段的定形尺寸尺寸为 $\phi 25$、20，其定位与各方向的基准重合，不用标注定位尺寸；$\phi 28$ 轴段定形尺寸为 $\phi 28$、70，只有长度方向标注定位尺寸 20，其余两个方向与基准重合，不标注；键槽的定形尺寸为长 60、宽 8，长度方向的定位尺寸为 5，是从辅助基准 D 处标注的，高度方向定位尺寸 24 也是从辅助基准处标注的；其余各部分的尺寸请读者自行分析。轴上工艺结构倒角尺寸 $C1$ 表示倒角角度为 $45°$，沿轴向距离为 1；越程槽 2×0.3 表示槽宽度为 2mm，深度为 0.3mm。轴的总长度为 110mm。

4. 了解技术要求

（1）尺寸公差分析。中间轴在 $\phi 25^{+0.009}_{-0.004}$、$\phi 28^{~0}_{-0.021}$ 轴段及键槽处有公差配合要求。现在

以 $\phi 25^{+0.009}_{-0.004}$ 为例说明其含义：基本尺寸 $\phi 25$，上偏差为 $+0.009$mm，下偏差 -0.004mm，因为机械制造中一般采用基孔制配合，所以 $\phi 25$ 轴段与传动零件孔的配合为过渡配合。其余各处尺寸公差自行分析。

（2）粗糙度分析。$\phi 25$ 两轴段表面粗糙度要求最高为 $Ra0.8\mu$m，应采用磨削加工；$\phi 28$ 轴段粗糙度为 $Ra3.2\mu$m，标题栏上方的粗糙度符号表示其余各处表面粗糙度为 $Ra6.3\mu$m，采用车、铣等方法加工。

（3）其余技术要求。用文字说明的热处理等要求。

🎧【技能训练】

识读如图 5-9 所示的锥形塞零件图。

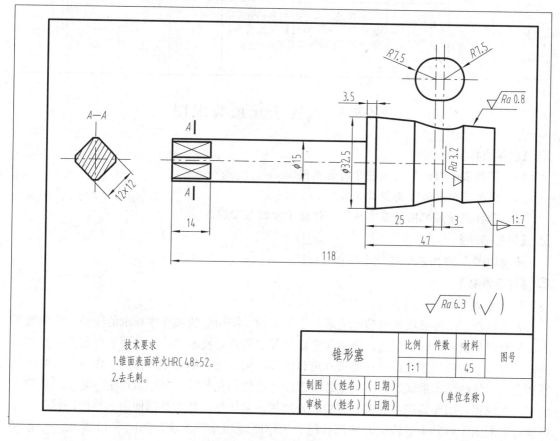

图 5-9　锥形塞零件图

1. 训练目标

根据零件图分析视图表达方法及零件的结构形状；确定主要工艺基准，正确理解各个尺寸的含义，理解技术要求。

2. 任务要求

识读零件图，分析表达方案，说明阀体的主要结构形状；指出主要工艺基准并逐个说明图中各个尺寸的含义；说明公差和粗糙度的含义。

3. 考核标准

考核标准见表 5-2。

表 5-2　　　　　　　　　　　　　绘制连杆零件图考核标准

项　目		要　求	分值	自评	教师评	得分
职业素养（30分）	态度	遵守纪律、按要求认真完成任务	20			
	过程	工作计划完整，实施过程合理，方法正确，在规定时间内完成任务	10			
职业能力（70分）	表达方案分析	正确分析各个视图的表达方法及其表达的主要内容，理解零件的结构形状	30			
	尺寸分析	确定主要工艺基准，正确说明各个尺寸的含义	20			
	分析技术要求	正确说明尺寸公差差的含义，分析零件各表面的粗糙度要求，说明零件其他技术要求	20			
总分			100			

任务 5.3　识读千斤顶装配图

【教学目标】

（1）了解装配图的作用及包含的基本内容。

（2）熟悉装配图尺寸类型及含义。

（3）掌握识读装配图的基本方法，读懂千斤顶装配图。

【任务描述】

识读如图 5-10 所示的螺旋千斤顶装配图。

【知识准备】

1. 装配图概述

表达机器、部件或组件的装配关系、工作原理、结构形状和技术要求的图样，称为装配图。装配图是机械设计、制造、使用和维修过程中的重要技术文件，主要表现如下：在产品的设计过程中，首先要根据设计要求画出装配图，用以表达机器或部件的工作原理、装配关系和主要零件的结构形状等，再根据装配图设计零件；在产品的制造过程中，装配图是制定装配工艺规程，指导装配、调试、检验和安装的技术依据；在产品的使用、维护过程中，需要通过装配图了解其主要构造、使用性能、工作原理和操作方法。如图 5-10 所示，一张完整的装配图应包括下列基本内容：

（1）一组图形。用来表达机器或部件的工作原理、各零件间的相对位置、装配关系、连接方式和重要零件的结构形状。

（2）必要的尺寸。装配图上要标注出机器或部件的性能、规格、装配、安装和外形尺寸。

（3）技术要求。用符号、代号或文字说明机器或部件在装配、调试、检验、安装及维修、使用的要求。

（4）标题栏、零件序号和明细栏。装配图中的零件编号、明细栏用于说明零件的代号、名称、数量、材料等，便于读图。标题栏的内容一般包括机器或部件的名称、图号、比例及设计、绘图、审核人员的责任签名等。

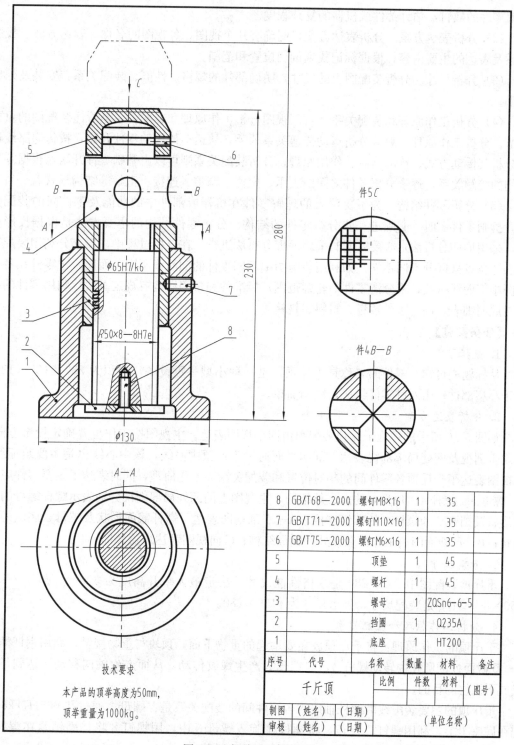

图 5-10　螺旋千斤顶装配图

8	GB/T68—2000	螺钉M8×16	1	35	
7	GB/T71—2000	螺钉M10×16	1	35	
6	GB/T75—2000	螺钉M6×16	1	35	
5		顶垫	1	45	
4		螺杆	1	45	
3		螺母	1	ZQSn6-6-5	
2		挡圈	1	Q235A	
1		底座	1	HT200	
序号	代号	名称	数量	材料	备注

技术要求

本产品的顶举高度为50mm,
顶举重量为1000kg。

2. 读装配图的方法

（1）概括了解。首先看标题栏（参考说明书），从部件或机器的名称大致了解其用途，根据画图比例和图上的总体尺寸可以确定机器或部件的大小；再看明细栏，结合图中的编号了解零件的数目，估计部件或机器的复杂程度。

（2）分析表达方案。分析表达方案，明确有几个视图，各视图的名称、表达方法、投影关系及表达的主要内容；根据标记找到剖切位置和范围。

（3）分析尺寸。分析装配图上的尺寸，明确部件的规格、性能、装配关系、安装及外形大小。

（4）分析工作原理和装配关系。对照视图分析工作原理和装配关系是看懂装配图的重要环节。分析工作原理一般从分析运动传递关系入手，从运动传入的零件开始，按传递路线逐步分析其传动方式、传动路线、作用原理；分析装配关系则可以由基础零件开始，根据零件之间的接触关系，逐步分析零件之间的支承、定位、调整、连接、密封等结构形式。

（5）分析零件结构。为了更深入的理解零件在机器或部件中的功能及零件间的装配关系，拆画零件图时，必须进一步分析零件的结构。分析零件结构的主要方法是根据投影关系，采用形体分析法，必要时同时采用面形分析法进行。在分析过程中，要充分利用装配图的表达特点来区分不同零件，如利用装配图中不同零件的剖面线不同，而同一个零件在各个视图中剖面线一致，来分清零件的轮廓范围；标准件和常用结构有规定画法；利用零件的编号对照明细表，确定零件数量、材料、规格等。

⚙ **【任务实施】**

1. **概括了解**

从标题栏可知，部件的名称是千斤顶，是一种小型举重设备；体积为 $280×130×130$，属于小型部件；由八种零件组成，结构简单。

2. **分析表达方案**

如图 5-10 所示的螺旋千斤顶装配图由四个视图表达。主视图按工作位置确定投影方向，采用全剖视及两处局部剖视表达，剖切平面通过千斤顶中心线，该中心线也是主要装配线，主视图表达了千斤顶各零件间的相对位置和装配关系、工作原理，同时表达了主要零件底座 1、螺母 3、螺杆 4、顶垫 5 的内、外结构，主视图上的两处局部剖视分别表示螺杆螺母的螺纹形状及挡圈 2 和螺杆 4 的螺钉连接；A—A 剖视图表达了螺杆截面形状及螺母、底座外部形状；B—B 断面图表示螺杆在该处的断面结构；C 向视图表达顶盖外部形状。

3. **分析尺寸**

千斤顶装配图中 230、280 是规格性能尺寸，决定最大举升高度为 50mm，$\phi65H7/k6$、$B50×8—8H7g$ 是装配尺寸，外形尺寸为 $\phi130×280$。

4. **分析工作原理和装配关系**

千斤顶的工作原理：将千斤顶放在要举起的重物下面，顶块与重物接触，利用钢杆插入 B—B 截面处的圆孔中转动螺杆 4，与螺母 3 产生螺纹传动，从而产生轴向移动，达到举起或放下重物的目的。

千斤顶的主要装配线沿螺杆轴线，各零件间的装配关系是：螺母 3 通过孔 $\phi65H7/k6$ 装配在底座 1 上，利用螺钉 7 定位，将螺杆 4 旋入螺母 3 中，用螺钉 8 将挡圈锁紧在螺杆 4 上，将顶垫 5 安装在螺杆 4 头部，旋入螺钉 6 防止脱落。

5. **分析零件结构**

千斤顶的主要零件有底座 1、螺母 3、螺杆 4、顶垫 5 等。下面分析底座的结构，其余零件结构请读者自行分析。

对照主视图和 A—A 视图可知，底座主要结构是内、外同轴回转体，侧面有一个螺纹孔，如图 5-11 所示。

图 5-11 底座

通过以上分析，加以综合、想象，对千斤顶的功能、工作原理、装配关系、主要零件的结构等就有了全面地认识，完成读图。

项目 6

AutoCAD 平面图形的绘制

【项目描述】

　　随着计算机技术的快速发展，计算机绘图已经逐步取代手工绘图。由 Autodesk 公司出品的 AutoCAD 软件是计算机绘图领域中最常用的软件，掌握该软件的基本应用已经成为每个工程技术人员的必备技能之一。本项目主要描述如何使用 AutoCAD 软件绘制简单平面图形。

【教学目标】

　　(1) 熟悉 AutoCAD 2010 的操作界面，掌握该软件基本的设置的方法。
　　(2) 掌握 AutoCAD 2010 常用的绘图、编辑命令。
　　(3) 掌握文字、尺寸的设置及标注方法。
　　(4) 能利用该软件绘制基本平面图形。

任务 6.1　AutoCAD 2010 基本操作

◁《【教学目标】
　　(1) 熟悉 AutoCAD 2010 工作界面。
　　(2) 掌握 AutoCAD 2010 文件的操作方法。
　　(3) 学会 AutoCAD 2010 命令调用和执行方法。
　　(4) 掌握 AutoCAD 2010 辅助绘图工具的设置方法。
　　(5) 掌握用 AutoCAD 2010 进行绘图前的基本设定，绘制图框及标题栏。

【任务描述】
　　利用 AutoCAD 2010 软件的功能，进行绘图前的设定等各项准备工作，以此熟悉 AutoCAD 2010 的工作界面、操作方法、命令的调用与执行、辅助工具的设置及绘图设定等内容。

【知识准备】
　　1. AutoCAD 2010 的工作界面
　　(1) AutoCAD 2010 界面的初始设置。AutoCAD 2010 安装并初次启动之后，会出现 "AutoCAD 2010 初始设置"的界面，提示客户选择符合的行业、绘图习惯等来进行 Auto-

CAD 2010 图形环境的自定义，并优化工作空间和指定图形样板文件。

（2）AutoCAD 2010 的初始工作界面。设定好工作环境后，进入 AutoCAD 2010 的工作界面——用户初始设置的工作空间，它主要由应用程序菜单栏、快速访问工具栏、标题栏、交互信息工具栏、功能区、绘图区、命令行、状态栏、布局标签等组成，如图 6-1 所示。

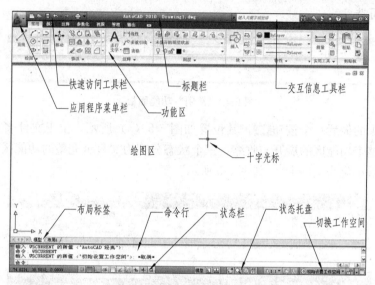

图 6-1　AutoCAD 2010 工作界面

1）应用程序菜单栏。也称为菜单浏览器，如图 6-2 所示。其中，带有▶符号的表示当前功能下还有子菜单。

2）标题栏。该栏中显示软件图标和名称即 AutoCAD 2010，旁边是当前打开的正在编辑的文件名称。

3）快速访问工具栏。标题栏左边是 AutoCAD 2010 的快速访问工具栏，如图 6-3 所示，还可以单击工具栏后面的下拉菜单按钮设置需要的常用工具。

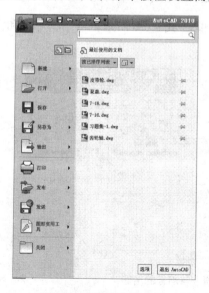

图 6-2　应用程序菜单栏

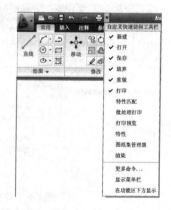

图 6-3　快速访问工具栏

4）功能区。AutoCAD 2010 功能区是整个界面中最重要的组成部分，它包括"常用"、"插入"等七个功能选项卡，每个功能选项卡集成了相关的操作工具。例如，"常用"功能选项卡里有"绘图"、"修改"、"注释"、"图层"、"块"、"特性"、"实用工具"、"剪贴板"八个最常用的功能面板，如图 6-4 所示。其中，带有 ▾ 符号的表示当前功能下还有子菜单，有其他功能、方式可选。

图 6-4 "常用"功能面板

功能区选项的最后一个按钮 ▣，其位置如图 6-5（a）所示，位于文件名正下方，单击该按钮能控制整个功能区的展开与收缩，三个状态分别为"显示完整的功能区"、"最小化为面板标题"、"最小化为选项卡"，如图 6-5 所示。

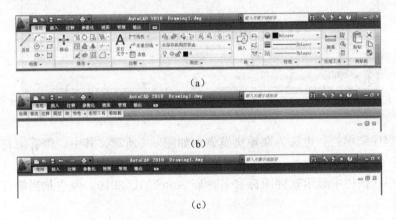

图 6-5 功能区的展开与缩放
（a）显示完整的功能区；（b）最小化为面板标题；（c）最小化为选项卡

将鼠标移到功能区，单击右键出现快捷菜单，如图 6-6 所示，可根据习惯和需要增删选项卡与面板。

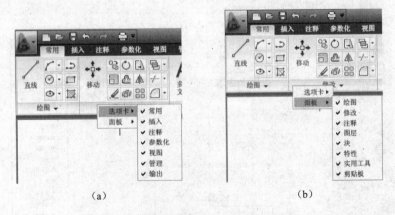

图 6-6 功能选项卡与面板的增删
（a）增删选项卡；（b）增删面板

5) 绘图区。AutoCAD 2010 中最大的空白区域称为绘图区。绘图区左下角是坐标系，默认是世界坐标系 WCS，用户可以根据需要设置用户坐标系 UCS。绘图区的默认颜色是黑色，用户可以根据需要更改。在应用程序菜单栏 中单击 ，弹出"选项"对话框。在对话框的"显示"选项卡中单击"颜色"按钮，在弹出的"图形窗口颜色"对话框中进行设置，如图 6-7 所示。

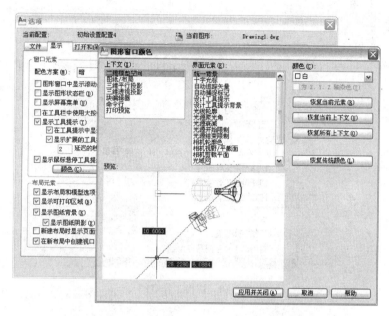

图 6-7　"显示"选项卡和"图形窗口颜色"对话框

6) 命令窗口。在命令窗口可以直接输入操作命令进行相应的操作，同时 AutoCAD 2010 的操作提示、错误信息也在这里显示。

7) 状态栏。状态栏显示当前十字光标的三维坐标和 AutoCAD 2010 绘图辅助工具的切换按钮。如图 6-8 所示，分别包括"捕捉模式"、"栅格显示"、"正交模式"、"极轴追踪"、"对象捕捉"、"对象捕捉追踪"、"允许/禁止动态 UCS"、"动态输入"、"显示/隐藏线宽"、"快捷特性"共十个状态选项，鼠标左键单击按钮即可开启或关闭相应状态。灰色表示关闭，浅蓝色表示开启。

图 6-8　状态栏

8) 状态托盘。状态托盘包括一些常见的显示工具和注释工具，如图 6-9 所示，通过这些按钮可以控制图形或绘图区的状态。

（3）AutoCAD 2010 的经典工作界面。单击在状态托盘的工作空间转换按钮，出现下拉菜单，如图 6-10 所示。单击"AutoCAD 经典"即可将工作界面转换到经典工作界面，如图 6-11 所示。

模型与布局空间转换　快速查看图形　快速查看布局　平移　缩放　控制盘　运动显示器　注释比例　注视可见性　自动添加注释　工作空间转换　锁定　状态栏菜单下拉按钮　全屏显示

图 6-9　状态托盘

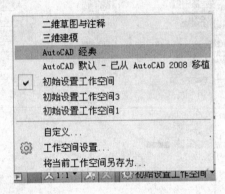

图 6-10　切换工作空间

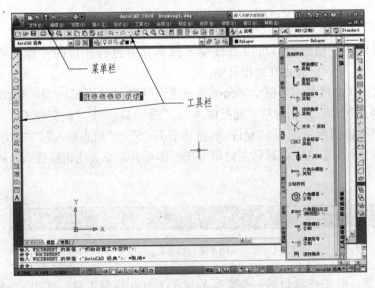

图 6-11　AutoCAD 经典工作界面

AutoCAD 经典工作空间与初始设置工作空间之间的区别在于菜单栏、工具栏及工具选项板。

1）菜单栏。标题栏下面是菜单栏，如图 6-12 所示，下拉菜单栏几乎包括了 AutoCAD 2010 的所有命令。AutoCAD 2010 还提供有快捷菜单功能，可以用单击鼠标右键的方法弹出快捷菜单。快捷菜单上显示的选项是上下文相关的，取决于当前的操作和右击鼠标时光标的位置，如图 6-13 所示。任何工作空间都能用快捷菜单。

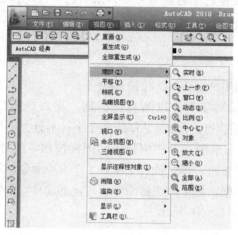

图 6-12　下拉菜单　　　　　　　　　图 6-13　快捷菜单

2）工具栏。也称为工具条。AutoCAD 2010 中有众多工具栏，默认设置下在工作界面上显示"标准"、"对象特性"、"样式"、"图层"、"绘图"、"修改"等工具栏。通常，工具栏并没有全部打开，因为会占据较大的绘图空间。若需要频繁使用某一工具栏时，才打开该工具栏。所有工具栏都是浮动的，用户可将各工具栏拖放到工作界面的任意位置。打开和关闭工具栏的简便方法是在任一工具栏的位置单击鼠标右键，在弹出的快捷菜单中将相应的选项勾选，如图 6-14 所示。

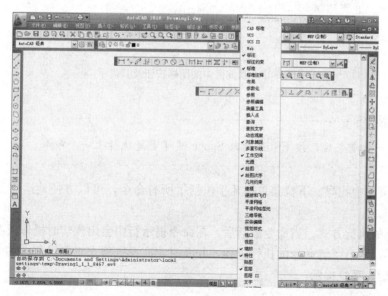

图 6-14　工具栏及"工具栏"快捷菜单

3）工具选项板。工具选项板是"工具选项板"窗口中的选项卡形式区域，它们提供了一种用来组织、共享和放置块、图案填充及其他工具的有效方法。工具选项板还可以包含由第三方开发人员提供的自定义工具。

提 示

　　AutoCAD 经典模式符合当今大多数使用者的使用习惯，本书的内容将以 AutoCAD 经典模式展开。

　　2. 命令的调用与执行

　　(1) 命令的调用。有多种方法可以调用 AutoCAD 2010 的命令。

　　1) 利用键盘输入命令名称或命令缩写字符。以画直线为例：在命令窗口输入命令 LINE，并按 Enter 键确定，则命令立即被执行。AutoCAD 的命令字符不分大小写。

　　2) 单击工具条中的对应图标。用鼠标单击工具栏中相应的图标按钮，即可执行命令。例如，单击"绘图"工具栏中的直线图标按钮／即可执行 LINE（直线）命令。将光标停留在图标按钮上一段时间，系统会弹出提示框，提示该按钮图标所对应的命令，如图 6-15 (a) 所示，以及命令操作的简易示例，如图 6-15 (b) 所示。

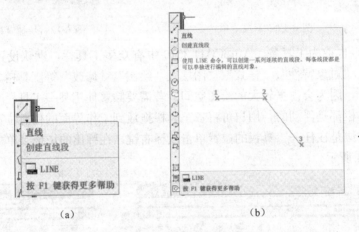

　　　　(a)　　　　　　　　　　　　　　(b)

图 6-15　功能区中的图标按钮及其提示

　　　小 技 巧

　　当结束一个命令后，按 Enter 键或 Space 键可重复执行上一个命令。

　　3) 下拉菜单中找寻。下拉菜单栏几乎包括了所有命令，可以方便地运用菜单中的命令进行各项操作。

　　(2) 命令的执行方式。当命令激活后，在命令提示行中会出现实时操作及有关选项的提示，通过这些提示可了解命令的执行进程，并及时响应系统要求正确操作。如激活 CRICLE（画圆）命令后，系统提示：

命令:circle
指定圆的圆心或[三点(3P)/两点(2P)/相切、相切、半径(T)]:

　　提示行中括号 [ ] 前面的提示为默认选项，可直接按其提示的内容进行操作。中括号 [ ] 中的内容是除默认选项外的其他选项，圆括号中的数字和字母是该选项的标识符，如要选择某一选项，只需输入该选项的标识符后按 Enter 键即可，字母不分大小写。此例中按照

其提示"指定圆的圆心",用鼠标在绘图区指定一点(或用键盘输入点的坐标)作为所要画圆的圆心,则指定圆心后系统继续提示:

指定圆的半径或[直径(D)]〈10.0000〉:

此时提示中的默认选项为"指定圆的圆心",可输入一个数值作为圆的半径,尖括号中的数值为上一次执行该命令时的数值,可直接按 Enter 键采用该默认值作为圆的半径。若要以直径画圆,可先输入 D,按 Enter 键,再输入直径数值。

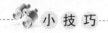 **小 技 巧**

> AutoCAD 2010 在命令执行的任一时刻都可以按 Esc 键取消和终止命令的执行。

当需要撤销已经执行的命令时,可通过快速访问工具栏中的 按钮来依次撤销已经执行的命令。当使用命令 后,紧接着可单击标准工具栏中的 按钮来恢复已撤销的上一步操作。

3. 数据输入方法

在执行 AutoCAD 命令时,有时要进行一些必要的数据输入,如点的坐标、距离(包括高度、宽度、半径、直径、行距/列距等)、角度等。具体输入方式见表 6-1。

表 6-1　　　　　　　　　　　　**数 据 输 入 方 式**

数据类别	输入方式	输入格式		说　　　　明
点	键盘	绝对坐标	x,y,z	用坐标 x,y,z 确定的点,数值间用","分开。二维作图时不必输入 z。动态输入状态关闭时使用
		相对坐标	$@x,y,z$	$@$ 表示某点的相对坐标,x、y、z 是相对于前一点的坐标增量。动态输入状态开启时,不加 $@$ 仍为相对坐标
		极坐标	$@l<\alpha$	l 表示输入点到前一点的距离,α 是与前一点的连线与 X 轴正向的夹角
	鼠标	拾取光标或目标捕捉		用鼠标将光标移至所希望的位置,单击左键,就输入了该点的坐标。精确绘图时用捕捉特征点或目标追踪捕捉
距离	键盘	数值方式		输入距离数值
	鼠标	位移方式		采用位移方式输入距离时,AutoCAD 会显示一条由基点出发的"橡皮筋",移动鼠标至适当位置并单击,即输入了两点间的距离;若无明显的基点时,将要求输入第二点,以两点间的距离作为所需数据
角度	键盘	数值方式		输入角度数值,以度为单位,且以 X 轴正向为基准零度,逆时针方向为正
	鼠标	位移方式		采用指定点方式输入角度时,角度值由输入两点的连线与 X 轴正向的夹角确定

4. 图形显示控制

在绘图的过程中,有时需要绘制细部结构,而有时又要观看图形的全貌,因为受到视窗显示大小的限制,需要频繁地缩放或移动绘图区域。AutoCAD 2010 提供了视窗缩放和平移功能,从而方便地控制图形的显示。

(1)窗口缩放。使用窗口缩放命令可以对图形的显示进行放大和缩小,而对图形的实际尺寸不产生任何影响。

单击"标准"工具条按钮🔍，执行命令后，系统提示：

命令:zoom

指定窗口的角点,输入比例因子(nX 或 nXP),或者

[全部 (A)/中心 (C)/动态 (D)/范围 (E)/上一个 (P)/比例 (S)/窗口 (W)/对象 (O)]〈实时〉:

这时，按住鼠标左键由下往上移动鼠标，即可实现图形的放大，反之可实现图形的缩小。

小 技 巧

　　在实际操作中，实现图形缩放最简单常用的方法是直接利用鼠标的滚轮，将光标移至视窗中某一点，向上滚动鼠标滚轮，则视图以光标所在点为中心放大；向下滚动鼠标滚轮，则视图以光标所在点为中心缩小。

（2）平移。平移用于移动视图而不对视图进行缩放。

单击"标准"工具条按钮🖐️激活命令后，按住鼠标并拖动即可实现图形的平移。

小 技 巧

　　在实际操作中，实现图形平移最简单常用的方法是按住鼠标的滚轮，此时光标变为手形，移动鼠标即可实现平移。

5. 辅助绘图工具的设置

为了快速准确地绘图，AutoCAD 2010 提供了"捕捉"、"栅格"、"正交"、"极轴"、"对象捕捉"、"对象追踪"、"动态输入"等辅助绘图工具供选择。可通过以下方法设置这些辅助绘图工具的状态和参数：

通过单击界面最底部状态栏中辅助绘图工具的相应按钮切换其开关状态，如图 6-16 所示。

图 6-16　状态栏的辅助绘图工具按钮

鼠标右键单击辅助绘图工具的相应按钮，选择"设置"菜单项，在弹出的"草图设置"对话框中设置相应的参数。

常用辅助绘图工具的功能如下：

（1）捕捉和栅格。

1）捕捉。捕捉功能用以约束鼠标每次移动的步长。使用命令单击状态栏上的"捕捉"或按快捷键 F9 可控制捕捉的开启或关闭。

2）栅格。栅格是一种可见的参考图标，它由一系列有规则的点组成，类似于带栅格的图纸，如图 6-17 所示。栅格有助于排列图形对象和看清它们之间的距离。如果与捕捉功能配合使用，对提高绘图精度及绘图速度作用更大。"栅格"的快捷键为 F7。栅格不属于图形的一部分，不会被打印出来。

鼠标右键单击"捕捉"或"栅格"按钮，选择"设置"菜单项，弹出"草图设置"对话框。在"捕捉和栅格"选项卡（见图 6-18）中，可设置捕捉和栅格的开关状态，以及设置捕捉和栅格的间距、捕捉的样式和类型。

（2）正交。使用正交模式可以绘制水平或垂直的图形对象。"正交"模式开关的快捷键为 F8。

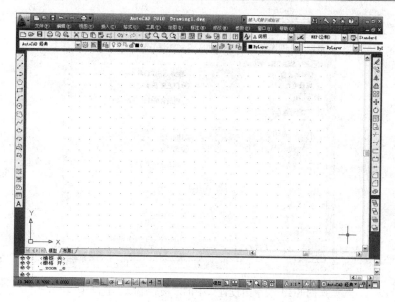

图 6-17   栅格

图 6-18   "草图设置"中的"捕捉和栅格"选项卡

（3）极轴和极轴追踪。使用"极轴"功能，可以方便快捷地绘制一定角度的直线。使用"极轴追踪"功能可按指定的极轴角或极轴角有倍数对齐要指定点的路径。"极轴追踪"必须配合"极轴"功能和"对象追踪"功能一起使用，即同时打开"极轴"开关和"对象追踪"开关。

"极轴追踪"开关的快捷键为 F10，"对象追踪"开关的快捷键为 F11。"草图设置"对话框的"极轴追踪"选项卡可设置极轴追踪的各项参数，如图 6-19 所示。

"增量角"下拉列表：设置极轴夹角的递增值，当极轴夹角为该值倍数时，显示辅助线。

"附加角"复选项：当"增量角"下拉列表中的角不能满足需要时，可先选中该项，再通过"新建"命令增加特殊的极轴夹角。

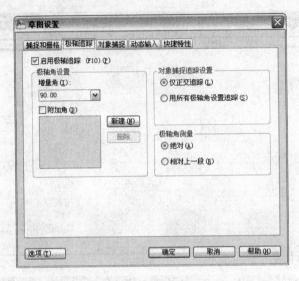

图 6-19　"草图设置"中的"极轴追踪"选项卡

　　(4) 对象捕捉和对象捕捉追踪。使用"对象捕捉"功能可以快速、准确的捕捉到一些特殊的点，如圆心、切点、线段的端点、中点等。使用"对象捕捉追踪"功能，可捕捉到特殊位置的点作为基点，按指定的极轴角或极轴角的倍数对齐要指定点的路径。"对象捕捉追踪"必须配合"对象捕捉"功能和"对象追踪"功能一起使用。

　　对象捕捉功能开关快捷键为 F3。

　　"草图设置"中的"对象捕捉"选项卡如图 6-20 所示，可设置对象捕捉的模式。对象捕捉模式选项卡中有很多选项，应根据绘图需要合理选择。

　　也可以直接在右键单击后出现的菜单中选择要设置的对象捕捉模式，如图 6-21 所示。

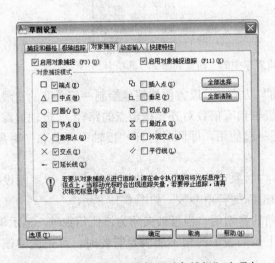

图 6-20　"草图设置"中的"对象捕捉"选项卡

图 6-21　对象捕捉设置菜单

（5）动态输入。启用动态输入功能后，系统在绘图区的光标附近提供一个命令提示和输入界面，可直观地了解命令执行的有关信息并可直接动态地输入绘制对象的各种参数，使绘图变得直观简捷。"动态输入"快捷键为F12。

"草图设置"对话框的"动态输入"选项卡，如图6-22所示，可设置动态输入、动态提示等选项。一般保持默认选择即可。

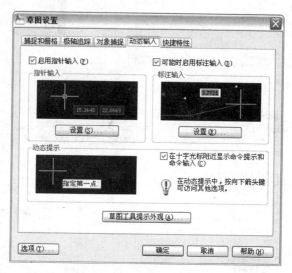

图6-22　"草图设置"中的"动态输入"选项卡

（6）显示/隐藏线宽。通过单击状态栏上的"显示/隐藏线宽"可以打开或关闭线宽的显示。通过右键单击"显示/隐藏线宽"按钮，选择"设置"打开"线宽设置"选项卡，如图6-23所示，可设置线宽的显示像素。

小技巧

此设置不影响线宽打印。当该功能开启时，界面中的线型宽度将根据图层的设置，显示其宽度。在模型空间中显示的线宽不随缩放比例而变化。例如，无论如何放大，以四个像素的宽度表示的线宽值总是用四个像素显示。如果要使对象的线宽在"模型"选项卡上显示得更厚些或更薄些，可拖动"线宽设置"对话框中调整显示比例的按钮来设置它们的显示比例。如果关闭"显示/隐藏线宽"功能，无论其图层设置的宽度多少，界面中的线条均显示为细线。

（7）快捷特性。启用该功能后，对于选定对象，系统自动显示该对象的"特性"选项板访问的特性的子集。关闭该功能后，则不会显示，如图6-24所示。

6. 系统设定

AutoCAD 2010允许用户对系统环境进行设置，在应用程序菜单栏　中按钮：　，可一启动如图6-25所示的"选项"对话框对系统环境进行设置。

对话框中包含有"文件"、"显示"、"打开和保存"、"打印和发布"、"系统"、"用户系统配置"、"草图"、"选择"、"配置"9个选项卡，通过对各个选项卡的设置，可以改变绘图系统的参数。以下仅介绍常用选项卡的设置。

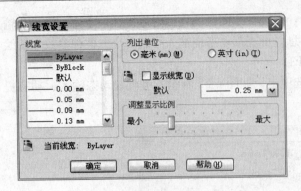

图 6-23 "线宽设置"对话框　　　　　　图 6-24　对象快捷特性选项板

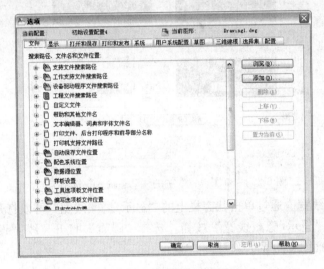

图 6-25　"选项"对话框

（1）保存配置。"选项"对话框中的"打开和保存"选项卡如图 6-26 所示，可用于控制文件打开和保存的相关选项。

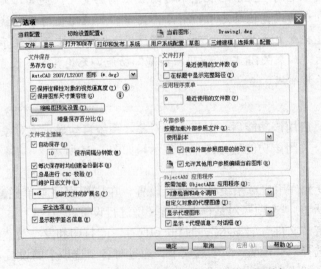

图 6-26　"选项"对话框的"打开和保存"选项卡

　　"文件保存"选项组中的"另存为"下拉列表框，用于设置文件保存的格式，可设置为较低版本的格式，如 AutoCAD 2004 图形（＊.dwg），以方便低版本用户打开文件。

　　"文件安全措施"选项组中的"自动保存"复选框，用于设置是否自动保存，"保存间隔分钟数"前的文本框，用于设置自动保存时间间隔。选用此项功能可避免意外断电或死机造成的工作成果丢失。

 注 意

　　只有在文件至少保存过一次后，自动保存功能才起作用。

⚙ 【任务实施】

　　1. 新建文件

　　启动 AutoCAD 2010 软件，并新建一个文件。

　　2. 状态栏设定

　　（1）将"对象捕捉"设置为启用状态，并选用"端点"、"圆心"、"交点"、"范围"等对象捕捉模式。

　　（2）将"DYN"和"极轴"设置为"开"。极轴增量角设为 90°。

　　3. 设置图层

　　（1）激活"图层特性管理器"：单击工具栏图标 。执行图层管理命令后，AutoCAD 2010 弹出"图层特性管理器"对话框，如图 6-27 所示，系统以默认建立了三个图层。

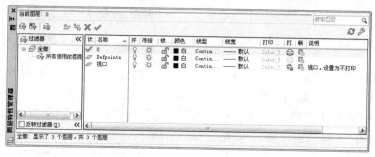

图 6-27　"图层特性管理器"对话框

　　单击对话框中的新建按钮 ，系统自动建立名为"图层 1"的图层，将"图层 1"改名为"点画线"，按 Enter 键即新建了"点画线"层。

　　单击"点画线"层中的"白色"项，在弹出的"选择颜色"对话框（见图 6-28）中选择红色方块，单击"确定"按钮，完成颜色的设定。

　　单击"点画线"层中的 Continuous，弹出如图 6-29 所示的"选择线型"对话框，对话框中已预先加载了常见常用的几种线型：CENTER，单点画线；Continuous，实线；DASHED，虚线；HIDDEN，隐藏线；PHANTOM，双点画线。在对话框中选择"CEN-TER"，单击对话框中的"确定"按钮，即完成线型设定。

　　如果在"选择线型"对话框没有所需要的线型，单击"加载"按钮，在弹出的"加载或重载线型"对话框（见图 6-30）中选择需要的线型，单击"确定"返回到"选择线型"对话框，并在线型列表中选中该线型，单击对话框中的"确定"按钮，即完成线型设定。

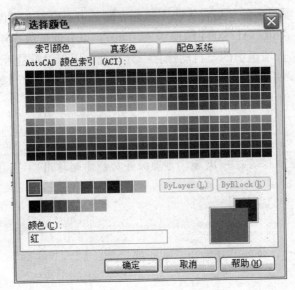

图 6-28　"选择颜色"对话框

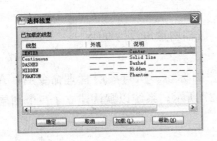

图 6-29　"选择线型"对话框

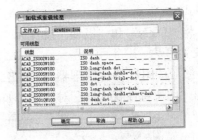

图 6-30　"加载或重载线型"对话框

　　单击"点画线"层中的"——默认"项，弹出"线宽"对话框，如图 6-31 所示。在对话框中选择"0.25mm"，单击"确定"按钮即设定了中心线的线宽。

　　（2）按照相同方法，建立图层"粗实线"，颜色为"白"，线型"Continuous"，线宽"0.5mm"；"虚线"，颜色为"黄"，线型"DASHED"，线宽"0.25mm"；"细实线"，颜色为"绿"，线型"Continuous"，线宽"0.25mm"；"标注"，颜色为"蓝"，线型"Continuous"，线宽"0.25mm"。

 提　示

　　线条颜色的选择中，若绘图区底色为黑色线条颜色设置为白，当绘图区颜色改为白色时，设置为白色的线条会自动改为黑色，不需再次设置，即线条的颜色黑或者白，会根据绘图区的底色改变。其他颜色不会随着绘图区颜色改变而改变。

　　（3）图层设置完毕，关闭图层特性管理器。

4. 绘制图框

（1）将图层切换到"细实线"。

（2）激活"矩形"命令：单击图标□。

系统提示：

命令：_rectang

指定第一个角点或[倒角(C)/标高(E)/圆角(F)/厚度(T)/宽度(W)]：（用鼠标在绘图区适当位置单击以指定矩形的任一角点）

指定另一个角点或[面积(A)/尺寸(D)/旋转(R)]：（键盘输入 210，297，并按 Enter 键确定。完成 A4 图纸幅面的绘制，如图 6-32 所示）

图 6-31　"线宽"对话框　　　　　　　　图 6-32　A4 图幅

（3）激活"分解"命令：单击图标 。

系统提示：

命令：explode

选择对象：（鼠标点选上一步绘制的矩形）

选择对象：找到 1 个

选择对象：（按 Enter 键确定，即可将矩形分解为 4 条直线）

（4）激活"偏移"命令：单击图标 。

系统提示：

命令：_offset

当前设置：删除源=否　图层=源　OFFSETGAPTYPE=0

指定偏移距离或[通过(T)/删除(E)/图层(L)]〈1.0000〉：（输入 25，按 Enter 键确定）

选择要偏移的对象,或[退出(E)/放弃(U)]〈退出〉：（选择矩形的左边的竖直线）

指定要偏移的那一侧上的点,或[退出(E)/多个(M)/放弃(U)]〈退出〉：（在该竖直线右边任一位置单击）

选择要偏移的对象,或[退出(E)/放弃(U)]〈退出〉：↙（按 Enter 键退出）

用同样的方法将上、下两条水平直线及右边的竖直线向矩形中心偏移 5，得到如图 6-33 所示的图形。

（5）鼠标点选偏移得到的 4 条直线，将图层切换到"粗实线"，该 4 条直线就切换到粗实线图层，变为粗实线，按 Esc 键退出，如图 6-34 所示。

（6）激活"修剪"命令：单击图标⊢。

系统提示：

命令：_trim

当前设置：投影=UCS,边=无

选择剪切边…

选择对象或〈全部选择〉：（鼠标点选 4 条粗实线）

选择对象：（按 Enter 键或单击鼠标右键确定）

选择要修剪的对象,或按住 Shift 键选择要延伸的对象,或

［栏选 (F)/窗交 (C)/投影 (P)/边 (E)/删除 (R)/放弃 (U)］：（选择要修剪的线中要删除的部分）

　　　选择要修剪的对象,或按住 Shift 键选择要延伸的对象,或

［栏选 (F)/窗交 (C)/投影 (P)/边 (E)/删除 (R)/放弃 (U)］：（按 Enter 键或单击鼠标右键确定）

结果如图 6-35 所示，完成图框的绘制。

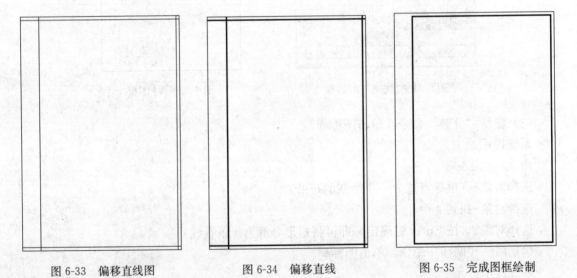

图 6-33　偏移直线图　　　　　　图 6-34　偏移直线　　　　　　图 6-35　完成图框绘制

5. 绘制标题栏

（1）激活"直线"命令：单击图标╱。

系统提示：

命令：_line 指定第一点：（用鼠标在图框外的作图区适当位置选取一点）

指定下一点或［放弃 (U)］：（水平向右移动鼠标，至水平极轴线亮起，如图 6-36（a）所示，输入 120，按 Enter 键确定）

指定下一点或［放弃 (U)］：（竖直向下移动鼠标，至竖直极轴线亮起，如图 6-36（b）所示，输入 32，按 Enter 键确定）

指定下一点或［放弃 (U)］：（向左移动鼠标至水平极轴线亮起，输入 120，按 Enter 键确定，如图 6-36（c）所示）

指定下一点或［放弃 (U)］：（单击第一条直线左端点，如图 6-36（d）所示）

指定下一点或[放弃(U)]：(按 Enter 键确定，退出直线命令)

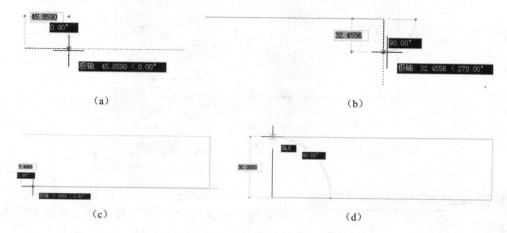

(a) (b)

(c) (d)

图 6-36　用直线绘制矩形

（2）激活"偏移"命令，按图 6-37 所示尺寸偏移直线。

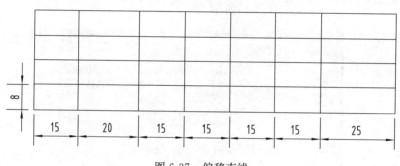

图 6-37　偏移直线

（3）利用"修剪"命令，对标题栏图线进行修剪，结果如图 6-38 所示。

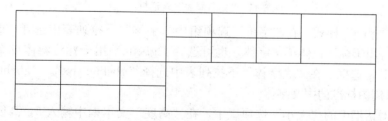

图 6-38　修剪直线

（4）将标题栏外框改为粗实线。

（5）设置文字样式：单击图标 A。

文字样式用于控制图形中所使用文字的字体、高度、宽度系数等。在一幅图形中可以定义多种文字样式，以适合不同对象的需要。

单击图标 A 后，系统弹出如图 6-39 所示的"文字样式"对话框，定义一样式名为"gb-5"（字高为 5mm）的文字样式，操作方法如下：

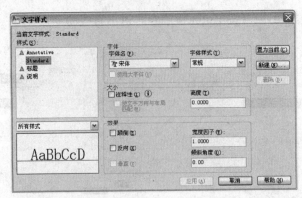

图 6-39　"文字样式"对话框（一）

图 6-40　"新建文字样式"对话框

1）单击对话框中的"新建"按钮，弹出如图 6-40 所示的"新建文字样式"对话框。在该对话框的"样式名"文本框中将"样式 1"改为"gb-5"，单击"确定"按钮，返回"文字样式"对话框，此时在样式选项组中多了一个"gb-5"样式，如图 6-41 所示。

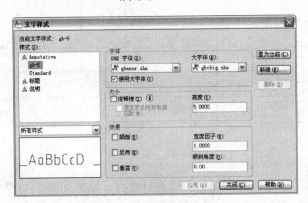

图 6-41　"文字样式"对话框（二）

2）选中"gb-5"样式，在"字体"选项组中"字体"下拉列表中选择"gbenor. shx"。"gbenor. shx"用于标注正体英文字体，也可选择"gbeitc"用于标注斜体英文字体。选择"使用大字体"复选框，在"大字体"下拉列表中选择"gbcbig. shx"。"gbcbig. shx"用于标注符合国家制图标准的中文字体。

3）在此对话框中的"大小"选项组中，在"高度"文本框中输入 5，高度用于设置输入文本的高度。

 提　示

　　如果将高度设为 0，则表示不对字体高度进行设置，每次用该样式输入单行文字时，AutoCAD 2010 都将提示输入文字的高度，输入多行文字时，则按默认字高。默认字高取决于新建文件时采用的样板图，如采用"acadiso. dwg"样板，则默认字高为 2.5，如采用"acad. dwg"样板，则默认字高为 0.2。

4）单击"应用"，再单击"关闭"退出文字样式的设置。

（6）激活"多行文字"命令：单击图标 **A**。

系统提示：

命令:_mtext 当前文字样式:"gb-5"　文字高度:5　注释性:否

指定第一角点：（指定标题栏左下角的小矩形的任一角）

指定对角点或[高度(H)/对正(J)/行距(L)/旋转(R)/样式(S)/宽度(W)/栏(C)]：（点选该小矩形的另一对角点系统弹出"文字格式"的文字编辑器，如图 6-42 所示）

多行文字编辑器的界面与 Microsoft 的 Word 编辑器界面类似，里面包含了很强的文字格式功能。大部分图标附有功能解释，此处不再赘述。可以利用此输入多行文字，并对其格式进行设置。

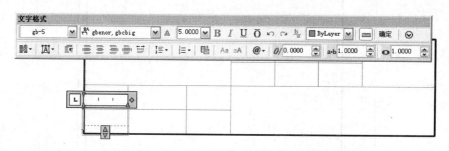

图 6-42　文字编辑器

调整对齐方式为"正中"，按标题栏要求输入文字"审核"，单击"确定"按钮，退出文字编辑器。结果如图 6-43 所示。

用相同的方法填充标题栏，结果如图 6-44 所示。

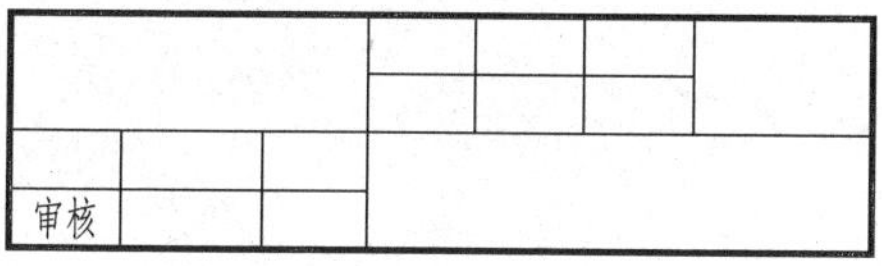

图 6-43　填充文字

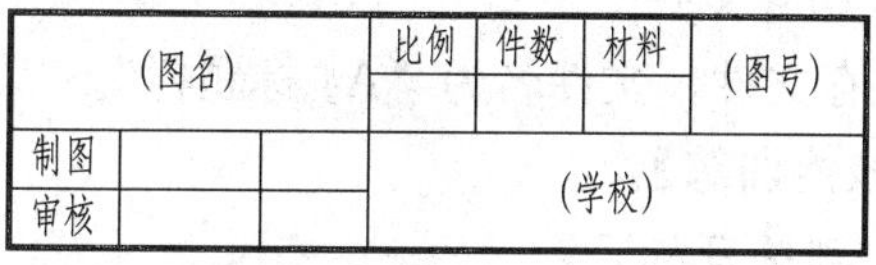

（图名）		比例	件数	材料	（图号）
制图					
审核			（学校）		

图 6-44　完成标题栏绘制

（7）激活"移动"命令：单击图标 ✛

系统提示：

命令:_move

选择对象:找到 1 个　　　　　　　　　　（框选整个标题栏包括文字）

选择对象:　　　　　　　　　　　　　　（按 Enter 键确认）

指定基点或[位移(D)]〈位移〉：　　　　（单击鼠标确定移动的基准参考点——标题栏右下角点）

指定第二个点或〈使用第一个点作为位移〉：（鼠标点选内图框右下角点）

结果如图 6-45 所示。

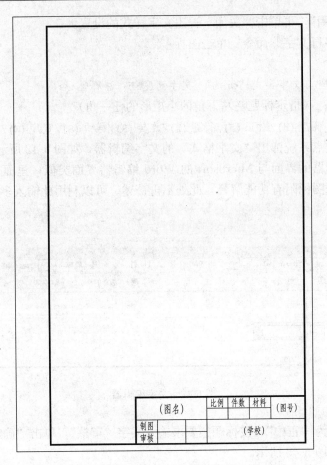

(图名)		比例	件数	材料	(图号)
制图				(学校)	
审核					

图 6-45　完成绘制工作

6. 保存文件

保存文件，文件名为"A4 标题栏"。

🎧【技能训练】

1. 训练目标

用 AutoCAD 2010 软件绘制图框及标题栏，掌握用 CAD 绘制图形的步骤，熟悉直线、矩形的多种绘制方法及文字填充。

2. 任务要求

建立合适的图层及文字样式，用 AutoCAD 绘制 A3 图框（横放）及标题栏，要求符合国家标准要求。

3. 组织方式

独立完成任务，可互相讨论，教师指导。

4. 任务实施

（1）查找相关国家标准要求，确定作图步骤。

（2）绘图前的基本设置及辅助设置：设置图层；设置文字样式；绘图状态设定。

（3）图框。

（4）绘制标题栏。

（5）将标题栏移动到图框合适位置。

（6）保存图形。

5. 考核标准

（1）总结。根据训练目标，学生做出个人总结，内容包括知识和技能的掌握情况、存在问题、努力方向等，教师对全班的阶段性训练进行总结，包括是否完成教学目标、存在问题、如何改进等。

（2）考核。根据实践训练的要求，通过学生自评及教师评，得出学生本阶段训练的最终成绩，见表 6-2。

表 6-2　　　　　考核标准

项　目		要　求	分值	自评	教师评	得分
职业素养 （50分）	态度	遵守纪律、按要求认真操作	20			
	过程	目的明确，实施过程合理，方法正确，在规定时间内完成任务	30			
职业能力 （50分）	状态栏设定	符合任务要求，不多开启其他状态栏	10			
	建立图层、文字样式	图层及文字的各项设置符合国标要求	15			
	图框及标题栏	是否符合国标要求，位置放置是否合适，线型是否合适	25			
总　分			100			

任务 6. 2　平面图形的绘制——吊钩

📢 【教学目标】

（1）熟练图层等基本的绘图设定。

（2）掌握文字、尺寸、表格等样式的设置及使用。

（3）掌握常用绘图和编辑命令。

（4）熟练常用平面图形的分析方法与作图步骤，并用 AutoCAD 软件绘制图形。

✍ 【任务描述】

按图示用 AutoCAD 2010 软件绘制如图 6-46 所示的吊钩平面图形，并标注尺寸。

💬 【知识准备】

1. 设置标注样式及尺寸标注

（1）设置标注样式。机械制图国家标准对尺寸标注的格式有具体的要求，标注尺寸前应设置好符合国家标准要求的尺寸标注样式。单击"样式"工具栏上的图标 激活"尺寸样式"命令。

执行尺寸样式命令后，系统弹出如图 6-47 所示的"标注样式管理器"对话框。单击"新建（N）"按钮，弹出"创建新标注样式"对话框，在"新样式名"文本框中输入"gb-3.5"，如图 6-48 所示。单击"继续"按钮，弹出"新建标注样式：gb-3.5"对话框，如图 6-49 所示。此对话框中有"线"、"符号和箭头"、"文字"等 7 个选项卡。下面仅对需要更改设置的选项加以说明，需要的修改的部分已在图中标示。

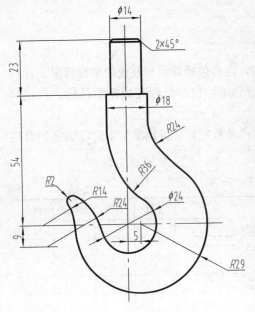

图 6-46　吊钩平面图形

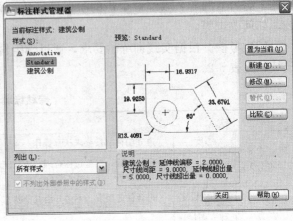

图 6-47　"标注样式管理器"对话框

"线"选项卡：用于设置尺寸线、尺寸界线的形式和特征，各选项设置如图 6-49 所示。

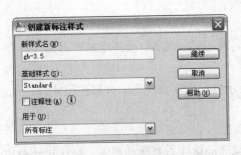

图 6-48　"创建新标注样式"对话框

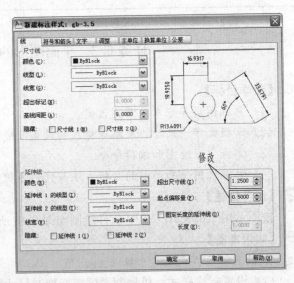

图 6-49　"新建标注样式"对话框的"线"选项卡

"符号和箭头"选项卡：用于设置箭头、圆心标记等的形式和特征，各选项设置如图 6-50 所示。注意箭头的大小应与文字高度一致。

"文字"选项卡：用于设置尺寸文本的形式、位置、对齐方式等，各选项设置如图 6-51 所示。

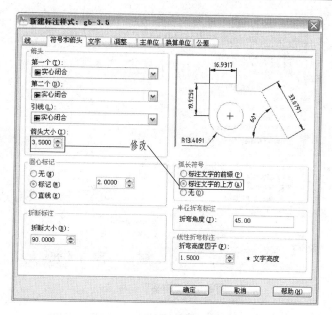

图 6-50   "符号和箭头"选项卡

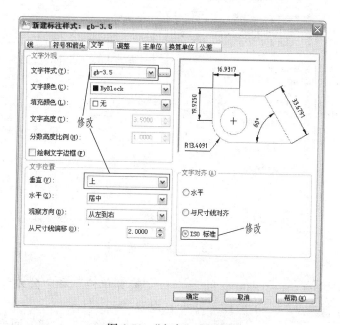

图 6-51   "文字"选项卡

"调整"选项卡：用于设置尺寸文本、尺寸箭头的标注位置、标注特征比例等，各选项设置如图 6-52 所示。

"主单位"选项卡：用于设置尺寸标注的主单位和精度，以及给尺寸文本添加固定的前缀或后缀，各选项设置如图 6-53 所示。

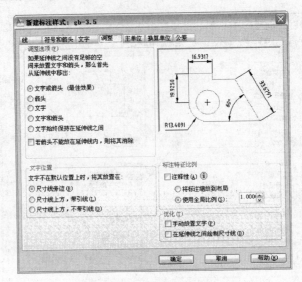

图 6-52 "调整"选项卡

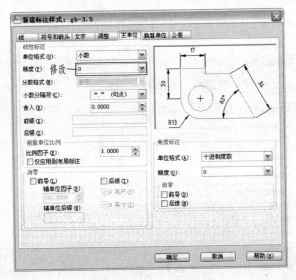

图 6-53 "主单位"选项卡

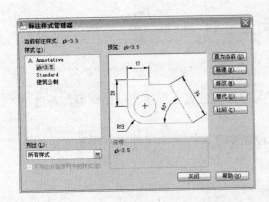

图 6-54 "标注样式管理器"对话框

"换算单位"和"公差"选项卡：可按默认设置。

单击"确定"按钮，回到"标注样式管理器"对话框，如图 6-54 所示，可见在样式列表中增加了"gb-3.5"样式。

在样式列表中选中"gb-3.5"，单击"置为当前"按钮，即可按样式"gb-3.5"标注尺寸。样式"gb-3.5"可以标出符合国家标准要求的线性尺寸，但对于角度尺寸的标注还不符合标准，如图 6-55（a）所示。为此，还应在样式

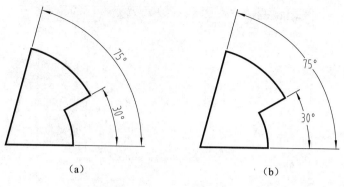

图 6-55　角度的标注

（a）不符合国家标准要求；（b）符合国家标准要求

"gb-3.5"的基础上定义专门适用于角度标注的子样式。操作方法如下：

打开"标注样式管理器"对话框，在"样式"列表框中选中"gb-3.5"样式。单击"新建"按钮，弹出如图 6-56 所示的"创建新标注样式"对话框，在"用于"下拉列表中选中"角度标注"。单击"继续"按钮，打开如图 6-57 所示的"新建标注样式：gb-3.5：角度"对话框。在"文字"选项卡中，选中"文字对齐"选项组中的"水平"单选按钮，其余设置不变。单击"确定"按钮，完成角度样式的设置，返回到

图 6-56　设置角度标注样式

"标注样式管理器"对话框，如图 6-58 所示。从图 6-58 可以看出，在样式"gb-3.5"下方多了一个"角度"子样式。将"gb-3.5"样式设为当前样式，单击"关闭"按钮，则完成标注样式的全部设置。至此，采用"gb-3.5"样式所标注的角度尺寸将符合国家标准要求。

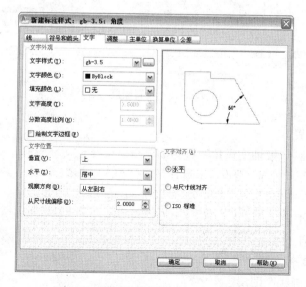

图 6-57　设置角度标注的文字对齐方式

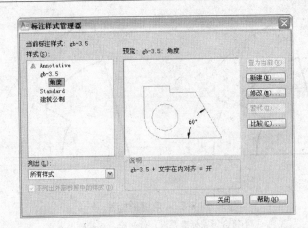

图 6-58 "标注样式管理器"对话框

（2）标注尺寸。设置好尺寸标注样式后，就可选择合适的尺寸标注样式，利用尺寸标注命令进行尺寸标注。AutoCAD 2010 提供有多种尺寸标注命令，可方便地进行尺寸标注和尺寸编辑。

⚙ 【任务实施】

1. 图形分析

分析图形的线段和性质，拟订作图步骤；确定所需线型、绘图比例、图幅。

2. 基本绘图设定

（1）图层设置。根据绘制本图的需要设置图层，结果如图 6-59 所示。

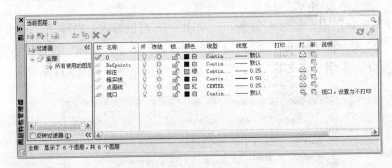

图 6-59 设置图层

（2）绘图状态设置。

"极轴追踪"开启，"极轴增量角"设为 90°。

"对象捕捉"开启，捕捉⌿端点、◎圆心、⊠交点、⊟范围。

"对象捕捉追踪"开启。

"动态输入"开启。

"显示线宽"开启。

3. 绘制作图基准线

（1）切换到"点画线"图层。

（2）激活"直线"命令，绘制一条长约 60 的水平直线。

（3）再次激活"直线"命令，绘制一条长约 110 的竖直，并与水平点画线相交。

（4）利用"偏移"命令，将竖直点画线向右偏移 5。

（5）利用"夹点编辑"命令，调整步骤（4）绘制的点画线的长度。具体方法如下：鼠标点选该直线，单击直线上端点的夹点，向下移动鼠标指合适位置，再单击鼠标确定，在调整时应注意捕捉竖直极轴。用同样的方法调整下端点夹点的位置，从而改变直线的长度。保证与水平点画线相交即可。结果如图 6-60 所示。

图 6-60　绘制作图基准线

AutoCAD 在图形对象上定义了一些特殊点，用以反映图形对象的特征，称为夹点。图形对象被选中时，夹点以带颜色的小方框表示，如图 6-61 所示。利用夹点编辑可以方便地进行拉伸、移动、旋转、比例缩放和镜像操作。

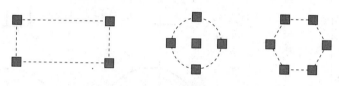

图 6-61　对象的夹点

4. 绘制已知线段

（1）切换到"粗实线"图层。

（2）激活"圆"命令：单击图标 ⊙，分别绘制 $\phi24$、$R29$ 两个圆，结果如图 6-62 所示。

激活"圆"命令后，系统提示：

命令：_circle

指定圆的圆心或［三点 (3P)/两点 (2P)/相切、相切、半径 (T)］：（单击鼠标左键点选圆的圆心）

指定圆的半径或［直径 (D)]〈25.0000〉：（输入圆的半径 12，按 Enter 键即可画出需要的圆）

用同样的方法绘制圆 $R29$。

（3）利用"偏移"及"夹点编辑"命令绘制长度为 18、14 的两条直线，如图 6-63（a）所示。

（4）利用"直线"及"倒角"命令，完成图形上半部分的绘制，如图 6-63（b）所示。其中，

单击图标 △，激活"倒角"命令之后，系统提示：

命令：_chamfer（"修剪"模式）

当前倒角距离 1=0.0000,距离 2=0.0000　（显示系统当前设置）

选择第一条直线或［放弃 (U)/多段线 (P)/距离 (D)/角度 (A)/修剪 (T)/方式 (E)/多个 (M)]：（输入 d，按 Enter 键确定）

指定第一个倒角距离〈1.0000〉：（输入第一个倒角距离2）

指定第二个倒角距离〈1.0000〉：（输入第二个倒角距离2）

提 示

作图时应根据倒角的具体要求并注意系统的当前设置模式。可以通过 [修剪（T）] 选项改变倒角的"修剪"模式，通过 [距离（D）] 选项设置倒角距离。

选择第一条直线或 [放弃(U)/多段线(P)/距离(D)/角度(A)/修剪(T)/方式(E)/多个(M)]：（选择要倒角的一边）

选择第二条直线,或按住 Shift 键选择要应用角点的直线：（选择要倒角的另一边）

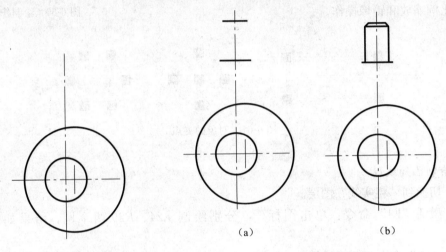

图 6-62   绘制已知圆图   图 6-63   绘制已知线段

5. 绘制中间线段

(1) 利用"直线"命令，绘制连接直线，如图 6-64 所示。

(2) 绘制勾尖。利用"圆"命令，绘制勾尖 $R14$ 和 $R24$ 的圆。其中，$R14$ 圆与 $R29$ 圆相切，圆心位于水平点画线上，所以利用"夹点编辑"命令，将水平点画线向左延伸一定的距离，方便画圆。

$R24$ 圆与 $\phi24$ 的圆相切，且圆心与水平点画线的垂直距离为 9，利用偏移命令绘制出该圆圆心所在的直线，激活"圆"命令，以 $R24$ 圆的圆心为圆心，36（$R24+\phi24/2=36$）为半径画圆，所得的圆与偏移所得的点画线相交的点为 $R24$ 圆的圆心。

画好 $R24$ 圆后，单击图标 ✎，激活"删除"命令，系统提示：

命令:_erase

选择对象:找到 1 个,总计 1 个   （选择要删除的对象 $R36$ 圆）

选择对象：（按 Enter 键，结束命令）

删除绘图辅助圆 $R36$，结果如图 6-65 所示。

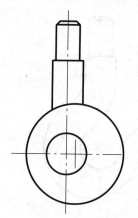
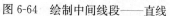
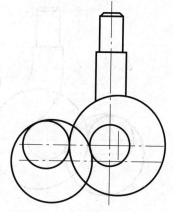

图 6-64　绘制中间线段——直线　　　　　图 6-65　绘制中间线段——圆弧

6. 绘制连接线段

(1) 激活"圆角"命令，分别绘制 $R2$、$R36$、$R24$ 三个圆，如图 6-66 所示。

激活"圆角"命令，系统提示：

命令:fillet

当前设置:模式=修剪,半径=0.0000　　（显示系统设置）

选择第一个对象或[放弃(U)/多段线(P)/半径(R)/修剪(T)/多个(M)]:（输入 r，按 Enter 键确定）

指定圆角半径〈0.0000〉:（输入圆角半径 2）

　提　示

作图时应根据倒圆角的具体要求并注意系统的当前设置。可以通过选项［修剪 (T)］改变圆角的"修剪"模式，通过选项［距离 (R)］设置圆角半径。

选择第一个对象或[放弃(U)/多段线(P)/半径(R)/修剪(T)/多个(M)]:　（输入 t，按 Enter 键确定，修改修剪模式）

输入修剪模式选项[修剪(T)/不修剪(N)]〈不修剪〉:　（输入 n，按 Enter 键确定，修改修剪模式）

选择第一个对象或[放弃(U)/多段线(P)/半径(R)/修剪(T)/多个(M)]:　（选择要倒圆角的一边）

选择第二个对象,或按住 Shift 键选择要应用角点的对象:　（选择要倒圆角的另一边，得到所需圆角）

利用同样的方法进行 $R36$、$R24$ 处理。

(2) 利用"修剪"命令，将多余线条修剪掉。利用"夹点编辑"命令，调整点画线长度。

(3) 激活"线型比例"修改命令，修改线型比例，结果如图 6-67 所示。激活"线型比例"命令，系统提示：

命令:lts

LTSCALE 输入新线型比例因子〈1.0000〉:　（输入 10，按 Enter 键确定，完成线型比例的修改）

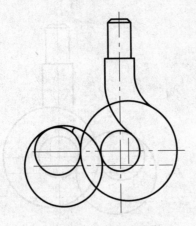
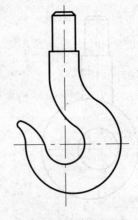

图 6-66　绘制连接圆弧　　　　　　图 6-67　完成绘制

7. 设置文字样式

激活"文字样式"命令，新建文字样式"gb-3.5"，按照国家标准要求设置文字样式，字高 3.5。

8. 设置标注样式并标注尺寸

（1）激活"标注样式"命令，新建标注样式"gb-3.5"，按照国家标准要求设置标注样式。

> 🔍 **注 意**
>
> 箭头大小应与文字高度相符，为 3.5。

（2）将"图层"切换到"标注"。

（3）激活"圆心标记"命令，单击圆 $R24$、$R29$，为其标记圆心，如图 6-68 所示。

（4）激活"直径"、"半径"标注命令，为图中圆弧标注直径、半径，如图 6-69 所示。

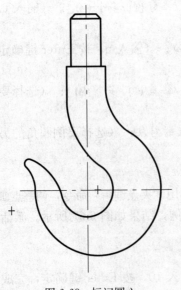
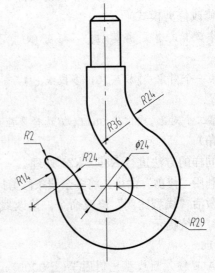

图 6-68　标记圆心　　　　　　　图 6-69　标注直径半径

（5）激活"线性"标注命令，标注图中线性尺寸。其中，$\phi14$、$\phi18$ 的标注方法具体如下：激活"线性"标注命令；指定第一、第二条尺寸界线；键盘输入 m，按 Enter 键确定，选择"多行文字"输入；输入需要的文字及符号；在多行文字框外单击鼠标，即可退出多行文字编辑状态；确认尺寸线位置，完成标注。结果如图 6-70 所示。

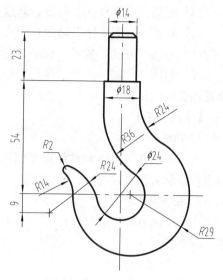

图 6-70　线性标注

（6）标注编辑。图 6-70 中，$\phi18$ 尺寸的位置不符合国家标准要求，需要重新编辑。激活"编辑标注"命令，或者利用"夹点编辑"命令，将 $\phi18$ 文字移到尺寸界线外，如图 6-71（a）所示；或者利用编辑命令中的"打断"命令，将穿过 $\phi18$ 的点画线打断，结果如图 6-71（b）所示。

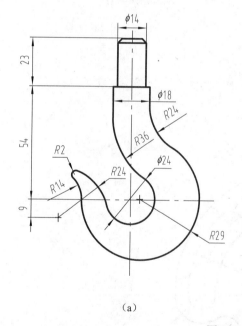

（a）

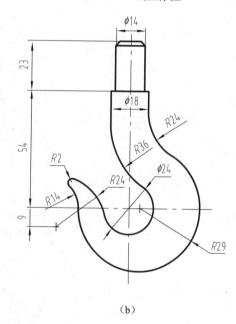

（b）

图 6-71　编辑标注文字

9. 绘制图框、标题栏，完成图形绘制

（1）切换到"0"图层，利用"矩形"、"直线"、"偏移"、"修剪"等命令，在界面的空白处绘制符合国家标准要求的 A4 图纸及带有装订边的图框。

 注 意

外边框为细线，内边框为粗线。

（2）利用"直线"、"复制"、"修剪"命令，绘制简化标题栏。

（3）激活"文字样式"命令，新建符合国家标准要求、字高为5的文字样式"gb-5"。

（4）激活"多行文字"命令，填充文字完成标题栏，其中图名为"吊钩"。

（5）利用"复制"或者"移动"命令，将标题栏移到图框的右下角。

（6）利用"复制"或者"移动"命令，移动图纸、图框、标题栏，使绘制好的吊钩图形放置在合适的位置。

🎧【技能训练】

1. 训练目标

用 AutoCAD 2010 软件绘制平面图形，掌握用 AutoCAD 绘制平面图形的步骤，熟悉圆的多种绘制方法及尺寸标注。

2. 任务要求

用 AutoCAD 绘制如图 6-72 所示挂轮的平面图形并标注尺寸，自选绘图比例，画出图框、标题栏。

3. 组织方式

独立完成任务，可互相讨论，教师指导。

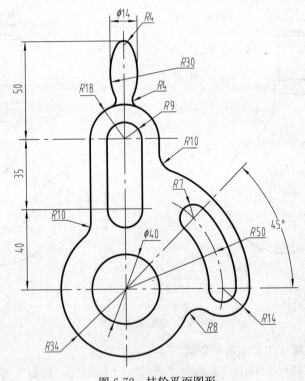

图 6-72　挂轮平面图形

4. 任务实施

（1）分析图形中的尺寸作用及性质，确定作图步骤。

（2）绘图前基本设置及辅助设置：设置图层；设置文字样式；设置标注样式；绘图状态设定。

（3）绘制图形：绘制作图基准线；按已知圆弧、中间圆弧、连接圆弧的顺序，绘制图形；检查图形。

（4）标注尺寸。

（5）绘制图纸、图框、标题栏，并将图形、图纸、图框、标题栏移动到合适位置。

（6）保存图形。

5. 考核标准

（1）总结。根据训练目标，学生做出个人总结，内容包括知识和技能的掌握情况、存在问题、努力方向等；教师对全班的阶段性训练进行总结，包括是否完成教学目标、存在问题、如何改进等。

（2）考核。根据实践训练的要求，通过学生自评及教师评，得出学生本阶段训练的最终成绩，见表 6-3。

表 6-3　　　　　　　　　　　　　　　　考核标准

项　目		要　求	分值	自评	教师评	得分
职业素养 （50分）	态度	遵守纪律、按要求认真绘制	20			
	过程	工作计划完整，实施过程合理，方法正确，良好的绘图习惯，在规定时间内完成任务	30			
职业能力 （50分）	平面图形	图形正确，不漏线、不多线，线型正确，使用得当	20			
	尺寸标注	尺寸标注基本正确、完整，不重复、不遗漏，尺寸布置清晰	15			
	图面质量	图面布置匀称、合理，图面整洁，图框及标题栏正确	15			
总　　分			100			

任务 6.3　平面图形的绘制——螺栓

【教学目标】

（1）熟练文字、尺寸等样式的设置及使用。

（2）掌握常用绘图和编辑命令。

（3）熟练常用三视图的分析方法与作图步骤，并用 AutoCAD 软件绘制图形。

【任务描述】

如图 6-73 所示，用 AutoCAD 2010 软件绘制螺栓三视图，并标注尺寸。

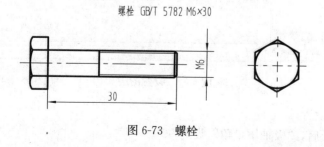

图 6-73　螺栓

【知识准备】

（1）螺栓尺寸简化画法如图 6-74 所示。

以本节题目为例，"螺栓 GB/T 5782 M6×30" 表示 $d=6$，$l=30$，其中，b 表示螺纹长度，可按照 $b=2d$ 绘制，也可按照国家标准绘制，常用的有 M4，$b=14$；M6，$b=18$；M8，

$b=22$；M10，$b=26$；M12，$b=30$；M16，$b=38$。

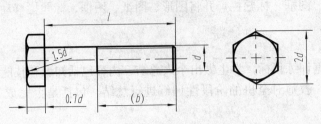

图 6-74　螺栓尺寸简化画法

（2）不同螺母简化画法如图 6-75 所示。

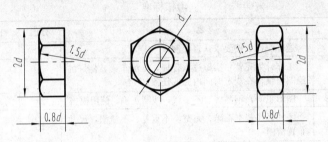

图 6-75　螺母尺寸简化画法

⚙️ **【任务实施】**

1. 图形分析

分析图形的线段和性质，拟订作图步骤；确定所需线型、绘图比例、图幅；按标准画出图框和标题栏。

2. 基本绘图设定

（1）图层设置。根据绘制本图的需要设置图层，结果如图 6-76 所示。

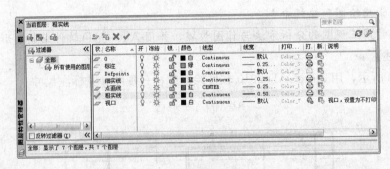

图 6-76　设置图层

（2）绘图状态设置。

"极轴追踪"开启，"极轴增量角"设为 90°。

"对象捕捉"开启，捕捉📐端点、◎圆心、⊠交点、⊟范围。

"对象捕捉追踪"开启。

"动态输入"开启。

"显示线宽"开启。

3. 绘制作图基准线

（1）切换到"点画线"图层。

（2）激活"直线"命令，绘制主视图中心线：一长约 40 的水平直线。

（3）再次激活"直线"命令，绘制左视图中心线：绘制一水平、一竖直的长约 15 的两条直线，水平直线必须与步骤（2）绘制的直线对齐，符合三视图"长对正、高平齐、宽相等"的规则。

结果如图 6-77 所示。

图 6-77　绘制作图基准线

4. 绘制左视图

（1）切换到"粗实线"图层。

（2）激活"正多边形"命令：单击图标 。

系统提示：

命令: _polygon 输入边的数目〈4〉：（输入多边形的边数 6，按 Enter 键确定）

指定正多边形的中心点或[边 (E)]：（鼠标点选左视图两点画线交点）

输入选项[内接于圆 (I)/外切于圆 (C)]〈I〉：（此处是为了确定正多边形的尺寸的方法，根据需要选择。"内接于圆"表示由正多边形的外接圆确定正多边形的尺寸，"外切于圆"表示由正多边形的内切圆决定正多边形的尺寸。此处选择"内接于圆"）

指定圆的半径：（输入圆的半径 6，按 Enter 键确定完成正多边形的绘制）

结果如图 6-78 所示。

（3）激活"圆"命令，绘制该正六边形的内切圆，如图 6-79 所示。

（4）激活"旋转"命令：单击图标 。

系统提示：

命令: _rotate

UCS 当前的正角方向：ANGDIR=逆时针　ANGBASE= 0

选择对象：（选中要旋转的正六边形，按 Enter 键确定）

指定基点：（鼠标点选旋转的中心——两点画线交点）

指定旋转角度，或[复制 (C)/参照 (R)]〈0〉：（输入旋转的角度 90，按 Enter 键确定完成命令）

结果如图 6-80 所示。

提 示

在 AutoCAD 中，角度是有正负之分的，逆时针方向为正，顺时针方向为负。

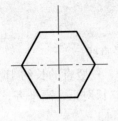
图 6-78　绘制正多边形

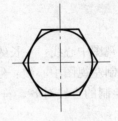
图 6-79　绘制正多边形内切圆

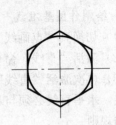
图 6-80　旋转正六边形

5. 绘制主视图——螺栓头

（1）激活"直线"命令，在主视图适当位置绘制一矩形。矩形长 4.2，高度与左视图高平齐，如图 6-81 所示。

> **小技巧**
>
> 　　激活直线命令后，移动鼠标捕捉到左视图最上端的点，水平向左移动鼠标，出现一水平极轴线，继续向左移动鼠标到合适位置，单击鼠标左键即可确定矩形上方的一个角点。水平向左或向右移动鼠标，在再次出现极轴线后输入 4.2（0.7d），按 Enter 键确定得到矩形的第二个角点。移动鼠标捕捉到左视图最下方的点，水平向左移动，出现水平极轴线，继续向左移动直至到矩形第二个角点的正下方竖直极轴线也亮起，单击鼠标确认，即可确认矩形的第三个角点。继续移动鼠标捕捉到第一角点，向下移动至同时出现水平与竖直两极轴线，单击鼠标获得第四角点，后单击第一角点，按 Enter 键确定，完成矩形绘制，且符合高平齐要求。

图 6-81　绘制螺栓头主视图

（2）激活"直线"命令，利用左视图绘制螺栓杆外框及螺栓头，水平直线总长 34.2，如图 6-82 所示。

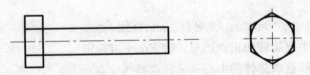
图 6-82　绘制螺栓头主视图

（3）激活"圆"命令，绘制一半径为 9（1.5d）的圆，圆心位于中心线上，圆与最左边的竖直轮廓线相切，如图 6-83 所示。

（4）激活"修剪"命令，修剪掉多余线段，结果如图 6-84 所示。

（5）激活"直线"命令，绘制辅助直线，结果如图 6-85 所示。

（6）对象捕捉☑中点开启。

（7）激活"圆弧"命令：单击图标。

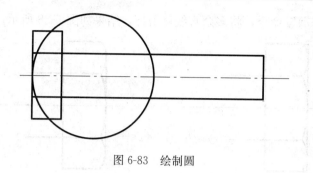

图 6-83　绘制圆

系统提示：

命令：_arc 指定圆弧的起点或［圆心 (C)］：（鼠标单击确定圆弧第一点——辅助直线的一个端点）

指定圆弧的第二个点或［圆心 (C)/端点 (E)］：（移动鼠标捕捉到辅助直线的中点，向左移动鼠标，出现水平极轴线，在水平极轴线与最左端轮廓线相交处单击鼠标，即可获得圆弧第二点）

指定圆弧的端点：（鼠标单击确定圆弧第三点——辅助直线的另一个端点）

结果如图 6-86 所示。

图 6-84　修剪多余线段图　　　　图 6-85　绘制辅助直线　　　　图 6-86　绘制圆弧

（8）删除辅助直线。对象捕捉◢中点关闭。

（9）激活"镜像"命令：单击图标▲。

系统提示：

选择对象：（鼠标点选上一步骤绘制的圆弧）

指定镜像线的第一点：（鼠标单击主视图点画线上的任一点）

指定镜像线的第二点：（鼠标单击主视图点画线上的任另一点）

要删除源对象吗？［是 (Y)/否 (N)］〈N〉：（按 Enter 键默认选项不删除源对象，退出镜像命令）

结果如图 6-87 所示。

 提　示

在对图形对象进行复制、移动、镜像、旋转、删除等编辑操作时，可先激活相应命令，提示选择对象时，选择要进行操作的对象，也可先选择对象后再激活命令，系统将对已选择的对象执行操作而不再提示选择对象。

（10）利用"修剪"命令，将多余直线修剪掉，结果如图 6-88 所示。

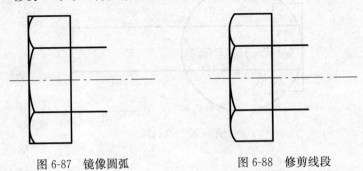

图 6-87　镜像圆弧　　　　　　图 6-88　修剪线段

 提示

螺栓头的画法亦可再简略，步骤（1）~（8）可省略不画。

6. 绘制主视图——螺栓杆

（1）激活"偏移"命令，将主视图最右端的竖直线段向左偏移 18，得到螺纹终止线，结果如图 6-89 所示。

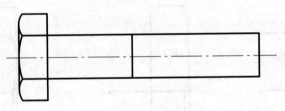

图 6-89　偏移直线

（2）激活"缩放"命令：单击图标。

系统提示：

命令：_scale

选择对象：（鼠标点选偏移得到的直线，按 Enter 键确定）

指定基点：（鼠标点选该直线与点画线的交点）

指定比例因子或[复制(C)/参照(R)]〈1.0000〉：（输入 0.85，按 Enter 键确定）

结果如图 6-90 所示。

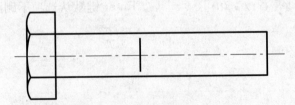

图 6-90　缩放螺纹终止线

（3）切换到"细实线"图层。

（4）利用"直线"命令，绘制螺纹小径，结果如图 6-91 所示。

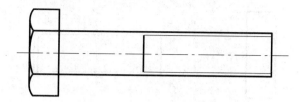

图 6-91　绘制螺纹小径

（5）激活"延伸"命令：单击图标 →。

系统提示：

命令：_extend

当前设置：投影=UCS,边=无

选择边界的边 …

选择对象或〈全部选择〉：（点选螺杆的上、下两条轮廓线，单击鼠标右键或按 Enter 键确定）

选择要延伸的对象,或按住 Shift 键选择要修剪的对象,或[栏选 (F)/窗交 (C)/投影 (P)/边 (E)/放弃 (U)]：（鼠标点选进行缩放后的直线的两端）

选择要延伸的对象,或按住 Shift 键选择要修剪的对象,或[栏选 (F)/窗交 (C)/投影 (P)/边 (E)/放弃 (U)]：（按 Enter 键确定）

将螺纹终止线延伸到与螺纹大径相交，结果如图 6-92 所示。

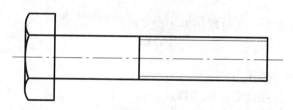

图 6-92　延伸还原螺纹终止线

（6）激活"倒角"命令，对螺杆进行倒角处理，尺寸为 0.5×0.5，结果如图 6-93 所示。

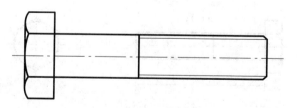

图 6-93　螺杆倒角

（7）切换回"粗实线"图层。

（8）激活"直线"命令，在倒角后的螺杆上补画直线，结果如图 6-94 所示。

（9）利用"夹点编辑"调整中心线长度；利用"线型比例"命令，将比例设置为 3，完成螺栓的绘制。利用移动命令，调整主视图与左视图之间的距离，在两视图之间留下足够的空间用于标注尺寸，结果如图 6-95 所示。

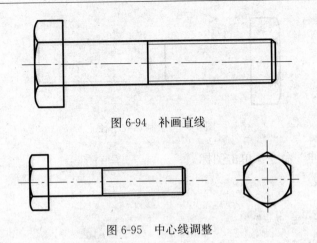

图 6-94　补画直线

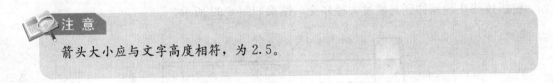

图 6-95　中心线调整

7. 设置文字样式

激活"文字样式"命令，新建文字样式"gb-2.5"，按照国家标准要求设置文字样式，字高 2.5。

8. 设置标注样式并标注尺寸

（1）激活"标注样式"命令，新建一标注样式"gb-2.5"，按照国家标准要求设置标注样式。

> 📖 注　意
>
> 箭头大小应与文字高度相符，为 2.5。

（2）将图层切换到"标注"。

（3）激活"线性"标注命令，标注螺纹公称尺寸及螺杆长度。公称直径标注方法具体如下：激活"线性"标注命令；指定第一、第二条尺寸界线；键盘输入 t，按 Enter 键确定，选择"单行文字"输入；输入 M6，按 Enter 键确定，退出单行文字编辑状态；确认尺寸线位置，完成标注。结果如图 6-96 所示。

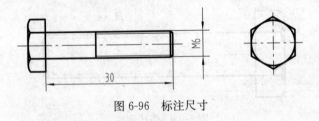

图 6-96　标注尺寸

🎧【技能训练】

1. 训练目标

用 AutoCAD 2010 软件绘制三视图，掌握用 CAD 绘制螺栓的步骤，熟悉正多边形、圆弧的多种绘制方法及尺寸标注。

2. 任务要求

用 AutoCAD 绘制如图 6-97 所示的电力金具——直角挂板的平面图形并标注尺寸，自选绘图比例，画出图框、标题栏。

3. 组织方式

独立完成任务，可互相讨论，教师指导。

4. 任务实施

（1）分析图形中的尺寸作用及性质，确定作图步骤。

（2）绘图前基本设置及辅助设置：设置图层；设置文字样式；设置标注样式；绘图状态设定。

（3）绘制图形：绘制作图基准线；直角挂板主要轮廓；绘制螺栓。

（4）标注尺寸。

（5）绘制图纸、图框、标题栏，并将图形、图纸、图框、标题栏移动到合适位置。

（6）保存图形。

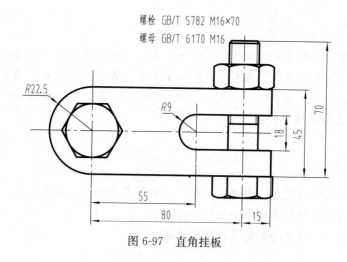

图 6-97　直角挂板

5. 考核标准

（1）总结。根据训练目标，学生做出个人总结，内容包括知识和技能的掌握情况、存在问题、努力方向等；教师对全班的阶段性训练进行总结，包括是否完成教学目标、存在问题、如何改进等。

（2）考核。根据实践训练的要求，通过学生自评及教师评，得出学生本阶段训练的最终成绩，见表 6-3。

表 6-3　　　　　　　　　　　　　　　考核标准

项　目		要　求	分值	自评	教师评	得分
职业素养 （50分）	态度	遵守纪律、按要求认真绘制	20			
	过程	工作计划完整，实施过程合理，方法正确，良好的绘图习惯，在规定时间内完成任务	30			
职业能力 （50分）	平面图形	图形正确，不漏线、不多线，线型正确，使用得当	20			
	尺寸标注	尺寸标注基本正确、完整，不重复、不遗漏，尺寸布置清晰	15			
	图面质量	图面布置匀称、合理，图面整洁，图框及标题栏正确	15			
总分			100			

项目 7

AutoCAD 机械图样的绘制

【项目描述】

　　机械零件图是最常见的工程图样之一，各行各业的工程施工及维护、维修中经常会出现。机械零件图除了视图，还包括了尺寸、各种精度要求、技术要求等。在抄画图形前需要先读懂图纸，并对其进行分析。本项目主要描述如何利用 Auto-CAD 软件，绘制机械零件图。

【教学目标】

　　(1) 掌握图块的定义、创建、编辑、运用等各种命令的应用。
　　(2) 熟练各绘图及编辑命令的综合运用。
　　(3) 能利用该软件绘制简单机械零件图。

任务 7.1　机械零件图的绘制

◁》【教学目标】
　　(1) 熟练各绘图及编辑修改命令的综合运用。
　　(2) 掌握图块的创建及运用。
　　(3) 掌握引线的设置及应用。
　　(4) 掌握零件图的绘制方法。

✍ 【任务描述】
用 AutoCAD 软件绘制如图 7-1 所示的零件图。

💬 【知识准备】
　　1. 块及属性定义
　　表面结构的图形符号是机械绘图中常见的标注内容，如图 7-2 所示。绘图时常将表面结构的图形符号定义成图块，标注时直接插入该图块即可。下面以定义表面结构的图形符号图块为例说明操作方法。

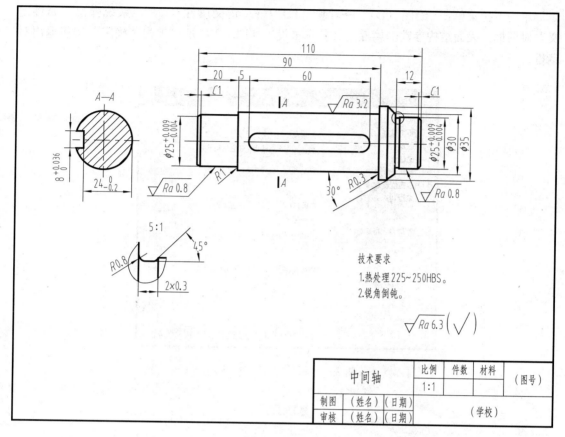

图 7-1　中间轴

　（1）绘制图形。参照 GB/T 131—2006 对表面结构的图形符号的画法规定，画出如图 7-3 所示的图形。图中 $H_1 \approx 1.4h$，$H_2 \approx 2.1H_1$，h 为字高。若字高为 3.5，则 $H_1 \approx 5$，$H_2 \approx 11$。

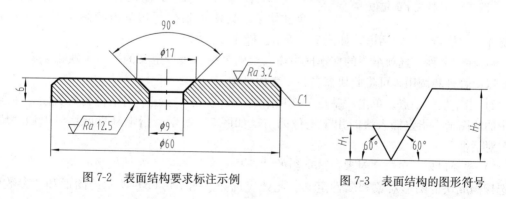

图 7-2　表面结构要求标注示例　　　　　　　图 7-3　表面结构的图形符号

　（2）定义属性。表示机件的表面结构要求，除了图 7-3 所示的图形外，还应在该图形上注写表面结构参数和数值、加工方法、表面纹理方向、加工余量等内容。各参数在图形中的注写位置国家标准均有明确的规定，最常见的是标注表面结构参数和数值，其他参数按默认值可不标出。利用 AutoCAD 的属性定义功能，在创建块之前，可将需要注写的与块相关的参数定义成块的属性。具体步骤如下：

　　单击下拉菜单："绘图（D）"→"块（K）"→"定义属性（D）"。系统弹出"属性定义"对话框。表面结构参数的属性定义各选项设置如图 7-4 所示，单击"确定"按钮退出对话框。

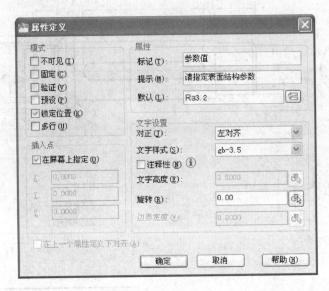

图 7-4　"属性定义"对话框

属性文字插入点

（a）　　　　　　　　　（b）

图 7-5　属性文字的定位

系统提示：

指定起点：

　　在此提示下指定属性文字的插入点，完成标记为"参数值"的属性定义。将属性标记按指定的对齐方式、文字样式显示在指定位置上，如图 7-5（b）所示。

　　（3）定义块。定义了相关的属性后，就可以开始创建块了。具体步骤如下：单击绘图工具条图标，系统弹出"块定义"对话框，如图 7-6 所示。操作步骤如下：

　　1）在"名称"选项组下的文本框中输入块的名称。用户定义的每一个块都要有一个块名，以便管理和调用。可将此块命名为"表面结构"。

　　2）指定块的基点。单击"基点"选项组的"拾取点"按钮，对话框暂时关闭，在绘图区中的块图形中指定插入块时用于定位的点，如图 7-7 所示。指定基点后系统返回"块定义"对话框。

　　3）选择对象。单击"对象"选项组的"选择对象"按钮，对话框暂时关闭，在绘图区中选择构成块的图形对象和属性定义。此处应选择如图 7-5（b）所示的图形和"参数值"属性定义，按 Enter 键返回对话框。

　　4）完成以上各项设置后，单击"确定"按钮，弹出如图 7-8 所示的"编辑属性"对话框，在文本框中输入一个参数值，如 $Ra1.6$，单击"确定"按钮完成块的定义。此时用于定义块的图形对象及属性定义变成为具有属性值的一个块，如图 7-9 所示。

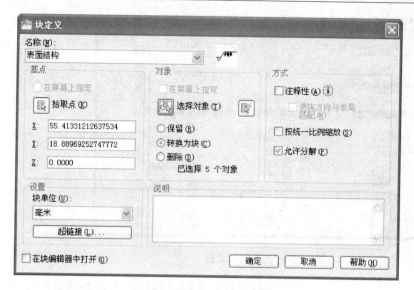

图 7-6　"块定义"对话框

图 7-7　块的基点

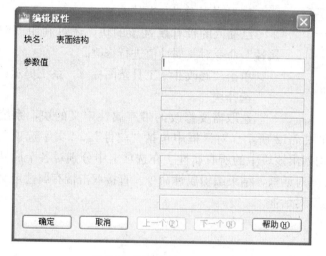

图 7-8　"编辑属性"对话框

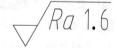

图 7-9　有属性值的块

2. 插入块

在定义块之后，有需要时即可利用"插入块"命令插入已定义的块。

单击绘图工具条图标，AutoCAD弹出"插入"对话框，如图 7-10 所示。在"名称"下拉列表框中选择所需要的图块，这里选择已定义的"表面结构"图块，其余选项默认即可。单击"确定"按钮，AutoCAD关闭对话框，系统提示：

指定插入点或[基点(B)/比例(S)/X/Y/Z/旋转(R)]：

在图形中需要插入图块的位置指定点，可捕捉轮廓线或指引线上的点，AutoCAD继续提示：

输入属性值

请指定表面结构参数值〈Ra3.2〉：（按要求输入参数值）

按 Enter 键直接采用默认值或输入新的参数值，完成一个图块的插入。

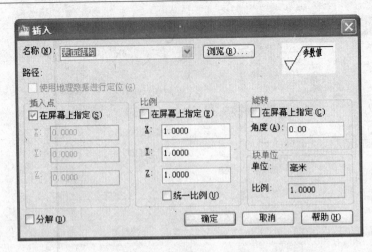

图 7-10 "插入"对话框

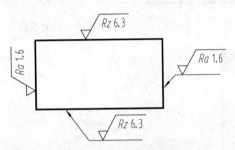

图 7-11 表面结构要求标注示例

重复以上步骤可标注图中各处的表面结构要求，如图 7-11 所示。

3. 块属性修改

已插入的带有属性值的块，还可利用"编辑属性"命令对其属性值进行修改。

单击"修改Ⅱ"工具条图标 ♥，系统提示：

选择块

选取需要修改的带有属性定义的块，系统弹出"增强属性编辑器"对话框，如图 7-12 所示。对话框中包括"属性"、"文字选项"和"特性"三个选项卡，各选项卡中均列出该块中的所有属性。在选项卡中分别对各个属性进行修改后，单击"确定"按钮，关闭对话框，结束编辑属性命令。直接双击带有属性定义的块，同样会弹出"增强属性编辑器"对话框。

⚙ 【任务实施】

1. 图形分析

分析图形的线段，拟定作图步骤；确定所需线型、绘图比例、图幅。

2. 基本绘图设定

(1) 图层设置。根据绘制本图的需要设置图层。结果如图 7-13 所示。

(2) 绘图状态设置。

"极轴追踪"开启，"极轴增量角"设为 30°。

"对象捕捉"开启，捕捉 ∠ 端点、◎圆心、⊠交点、□范围。

"对象捕捉追踪"开启。

"动态输入"开启。

"显示线宽"开启。

3. 绘制主视图

(1) 切换到"点画线"图层。

(2) 激活"直线"命令，绘制一条长约 130 的水平直线。

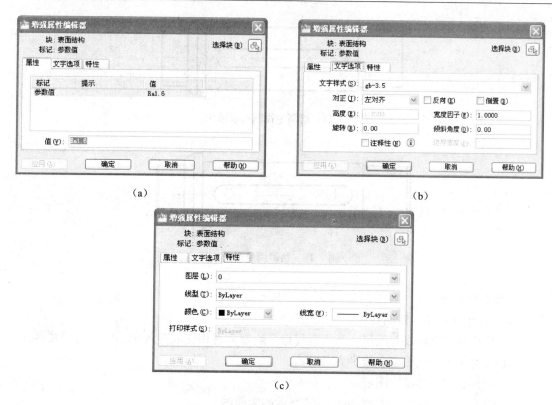

（a）　　　　　　　　　　　　　　　　　（b）

（c）

图 7-12　"增强属性编辑器"对话框

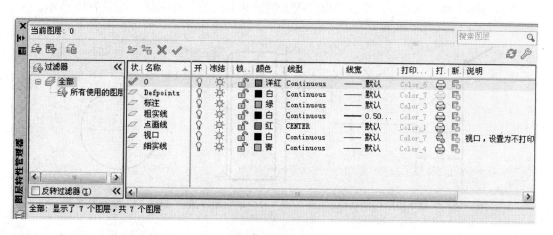

图 7-13　设置图层

（3）切换到"粗实线"图层。

（4）综合运用各绘图及编辑命令绘制主视图的大致图形，如图 7-14 所示。

（5）利用"圆角"、"倒角"、"修剪"、"直线"等命令主视图中的圆角及倒角结构，如图 7-15 所示。

（6）"极轴增量角"设为 45°，绘制如图 7-16 所示的结构，并将该结构镜像，补全砂轮越程槽，结果如图 7-17 所示。

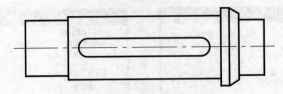

图 7-14　绘制主视图基本形状

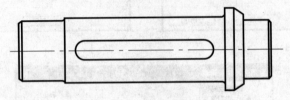

图 7-15　绘制倒角圆角

4. 绘制断面图

（1）"极轴增量角"改回 90°。

（2）切换到"点画线"图层，利用直线命令绘制垂直相交的两条中心线，直线长约 40，水平中心线必须与主视图中心线平齐。

（3）切换到"粗实线"图层。

（4）综合运用各命令，绘制如图 7-18 所示的断面图。

（5）切换到"细实线"图层，填充剖面线。具体步骤如下：

单击绘图工具栏图标▨；系统弹出"图案填充和渐变色"对话框，如图 7-19 所示。

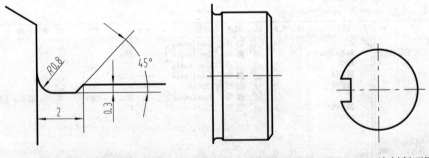

图 7-16　绘制细小结构图线图　　图 7-17　补全砂轮越程槽　　图 7-18　绘制断面图

"图案"选项为可选，单击右侧▾按钮，可在下拉列表中选择相应图案；或单击▦按钮，弹出图 7-20 所示"填充图案选项板"对话框，从中选择"ANSI31"的图案，单击确定返回"图案填充和渐变色"对话框。

单击"拾取点"按钮▣，AutoCAD 暂时退出对话框，系统提示：

拾取内部点或［选择对象 (S)／删除边界 (B)］：

鼠标在如图 7-21 所示的地方点选，AutoCAD 会自动确定出包围该点的封闭填充边界，并且这些边界以高亮度显示。选择完成后按 Enter 键返回对话框。单击确定，完成图案的填充，结果如图 7-22 所示。

图 7-19　"图案填充和渐变色"对话框

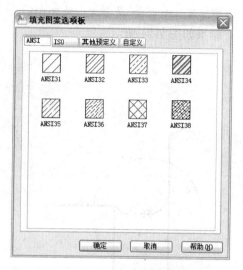

图 7-20　"填充图案选项板"对话框

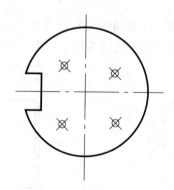

图 7-21　填充图案时鼠标点选的位置

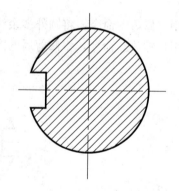

图 7-22　图案填充结果

5. 绘制局部放大图

（1）切换到"细实线"图层，利用"圆"命令，在砂轮越程槽处绘制一个半径为 2 的圆，结果如图 7-23 所示，圆心已在图中标出。

（2）激活"复制"命令，将上一步骤绘制的圆及圆所包含的图线复制到合适的位置，具体步骤如下：

单击编辑工具栏图标 ，激活"复制"命令。系统提示：

命令：_copy

选择对象：（鼠标框选圆及圆所包含的图线）

选择对象:指定对角点:找到 7 个

选择对象：（按 Enter 键确定）

当前设置：复制模式=多个

指定基点或[位移(D)/模式(O)]〈位移〉：（点选圆的圆心）

指定第二个点或〈使用第一个点作为位移〉：（在断面图下方合适位置单击鼠标）

指定第二个点或[退出(E)/放弃(U)]〈退出〉：（按 Enter 键确定，完成复制操作）

结果如图 7-24 所示。

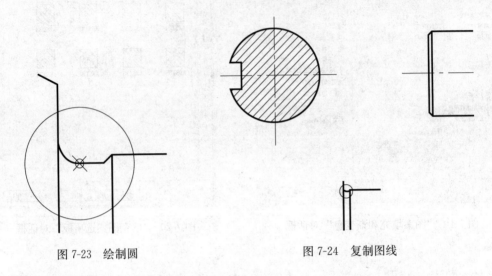

图 7-23　绘制圆　　　　　　　　　　　　图 7-24　复制图线

（3）利用"修剪"命令，将圆外多余线条修剪掉，结果如图 7-25 所示。

（4）利用"缩放"命令，将修剪后的图形及圆放大到原来的 5 倍，如图 7-26 所示。

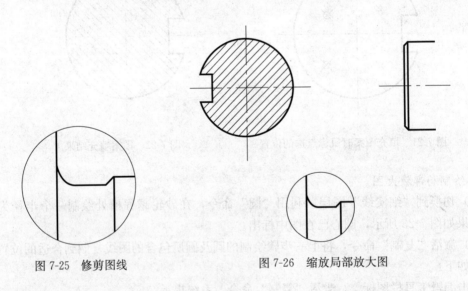

图 7-25　修剪图线　　　　　　　　　　图 7-26　缩放局部放大图

（5）删掉圆。

（6）单击绘图工具栏样条曲线图标～，系统提示：

命令：_spline

指定第一个点或[对象(O)]：（如图 7-27 所示，由最高点开始，用鼠标逆时针依次单击每单击一次，系统均会提示）

指定下一点或[闭合(C)/拟合公差(F)]〈起点切向〉：（选完按 Enter 键确定）

指定起点切向：（按 Enter 键确定）

指定端点切向：（按 Enter 键确定）

最后得到如图 7-28 所示的样条曲线。

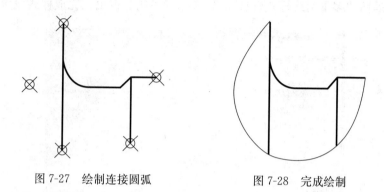

图 7-27　绘制连接圆弧　　　　　　　图 7-28　完成绘制

（7）利用"夹点编辑"及"线型比例"调整中心线长度，适当调大主视图砂轮越程槽处圆的直径，结果如图 7-29 所示。

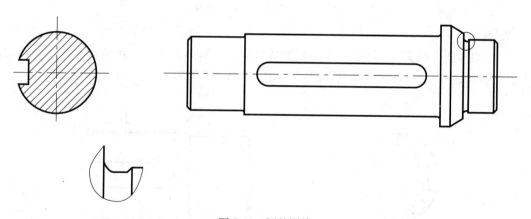

图 7-29　调整图线

6. 标注前样式设置等准备工作

（1）将"图层"切换到"标注"，创建表面结构图块，参见［知识准备］部分的内容。

（2）激活"文字样式"命令，新建一文字样式"gb-3.5"，按照国家标准要求设置文字样式，字高 3.5。

（3）激活"标注样式"命令，新建一标注样式"gb-3.5"，按照国家标准要求设置标注样式。

注　意

箭头大小应与文字高度相符，为 3.5。

（4）设置引线标注样式。

单击"样式"工具栏图标 ⌀，系统弹出如图 7-30 所示的"多重引线样式管理器"对话框，选择"Standard"样式，单击"修改"，进入"修改多重引线样式"对话框，将"引线格式"选项卡里的箭头大小改为"3.5"，将"内容"选项卡的"多重引线类型"改为"无"。单击"确定"返回"多重引线样式管理器"，单击"关闭"退出，完成样式设置。

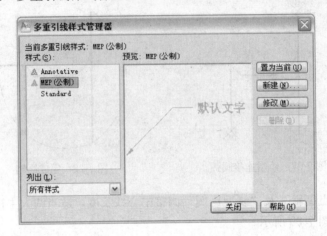

图 7-30　多重引线样式管理器

7. 标注

（1）切换到"粗实线"图层，在主视图适当位置绘制剖切符号。切换到"标注"图层，利用"多行文字"命令标注字母及局部放大图的比例，结果如图 7-31 所示。

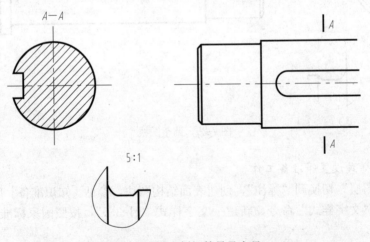

图 7-31　标注剖切符号及字母

（2）标注断面图。激活"线性"标注，系统提示：

命令：_dimlinear

指定第一条延伸线原点或〈选择对象〉：［鼠标单击如图 7-32（a）所示的两点任一点］

指定第二条延伸线原点：（单击另一端点）

指定尺寸线位置或［多行文字(M)/文字(T)/角度(A)/水平(H)/垂直(V)/旋转(R)］：（输入m，按 Enter 键确定）

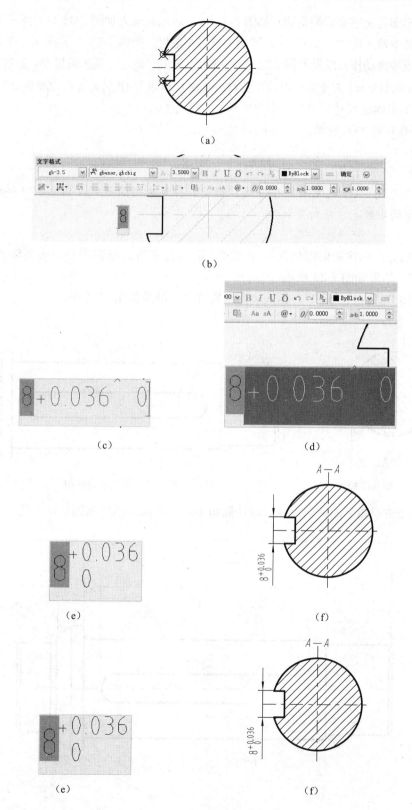

图 7-32　标注断面图键槽宽度

系统弹出多行文字格式编辑器，如图 7-32（b）所示；输入如图 7-32（c）所示的数字及符号；用鼠标选中输入的"＋0.036⌒0"，堆叠的符号亮起，如图 7-32（d）所示。单击 ⮂，被选中的数字完成堆叠动作，结果如图 7-32（e）所示。单击"确定"退出编辑器，系统提示：

指定尺寸线位置或[多行文字(M)/文字(T)/角度(A)/水平(H)/垂直(V)/旋转(R)]：（鼠标在合适位置单击确定尺寸位置）

结果如图 7-32（f）所示。

提示

符号"⌒"与"0"之间有一个空格，那是正、负号的位置，要留出，这样堆叠后的上、下偏差的小数点才能对齐。

用同样的方法标注断面图的另一个尺寸，进入文字格式编辑器后，需要输入的数值为"240⌒－0.2"。结果如图 7-33 所示。

（3）利用"插入块"命令，插入表面结构符号，结果如图 7-34 所示。

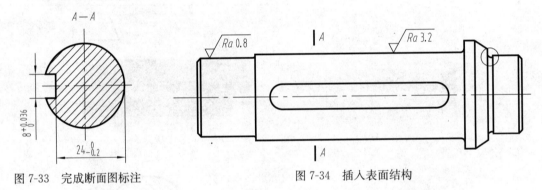

图 7-33　完成断面图标注　　　　　图 7-34　插入表面结构

（4）标注主视图上的轴向尺寸，标注圆角半径及角度，结果如图 7-35 所示。

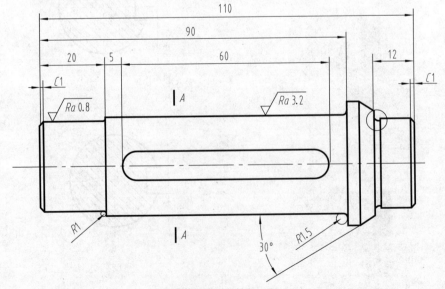

图 7-35　标注轴向尺寸

（5）激活"线性"标注命令，标注径向尺寸，结果如图 7-36 所示。

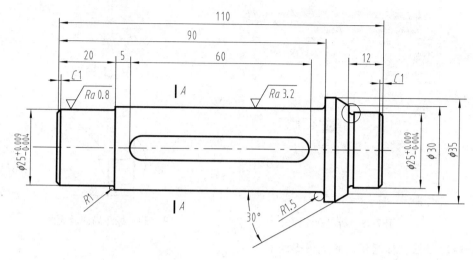

图 7-36　标注径向尺寸

（6）标注有引线的表面结构符号。单击多重引线工具栏图标，系统弹出"选择注释比例"对话框，默认比例为 1∶1，单击"确定"，系统提示：

命令：_mleader

指定引线箭头的位置或［引线基线优先 (L) /内容优先 (C) /选项 (O)］〈选项〉：（鼠标在合适位置单击，确定箭头位置）

指定引线基线的位置：（移动鼠标，在合适位置单击，确定引线基线位置）

结果如图 7-37（a）所示。

利用"插入块"命令插入表面结构符号，结果如图 7-37（b）所示。

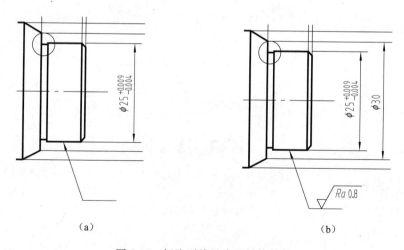

（a）　　　　　　　　　　　　　　（b）

图 7-37　标注引线及表面结构符号

（7）标注局部放大图。激活"标注样式"，选中先前建立的"gb-3.5"标注样式；单击"新建"，新建"副本 gb-3.5"的标注样式；单击"继续"，修改"主单位"选项卡中的"精度"为"0.0"，"测量单位比例"为 0.2，如图 7-38 所示。用此标注样式标注局部放大图，结果如图 7-39 所示。

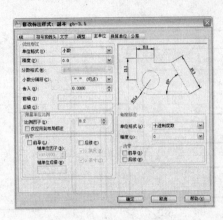

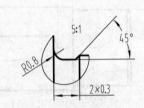

图 7-38 新建标注样式   图 7-39 标注局部放大图

8. 绘制图框、标题栏，完成图形绘制

（1）切换到"0"图层，综合利用各命令绘制 A4 图纸及带有装订边图框、及图框右下角的标题栏。

（2）利用"移动"命令，移动图纸、图框、标题栏，使绘制好的图形放置在合适的位置。

（3）利用"多行文字"在图纸空白处填写技术要求。完成图形绘制，结果如图 7-1 所示。

（4）以"中间轴"为名将图形保存到指定盘中。

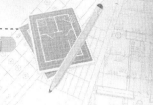

项目 8

AutoCAD 电气工程图的绘制

【项目描述】

能看懂并绘制电气工程图纸,是电气从业人员特别是设计、施工、维护人员应具备的技能之一。本项目主要描述如何利用 AutoCAD 软件绘制常见的电气设备外形图及电气图。

【教学目标】

能熟练地综合利用该软件绘制常见电气设备图及电气图。

任务 8.1 常用电气设备图的绘制

【教学目标】

(1) 熟悉常用电气设备图的绘制。

(2) 熟练地综合运用常用绘图和编辑命令。

(3) 熟练常用平面图形的分析方法与作图步骤。

【任务描述】

AutoCAD 2010 软件绘制如图 8-1 所示的电压互感器平面图。

【任务实施】

1. 图形分析

分析图形的线段和性质,拟订作图步骤;确定所需线型、绘图比例、图幅。

2. 基本绘图设定

(1) 图层设置。根据绘制本图的需要设置图层,结果如图 8-2 所示。

(2) 绘图状态设置。

"极轴追踪"开启,"极轴增量角"设为 90°

"对象捕捉"开启,捕捉☑端点、◎圆心、☒交点、⊟范围。

"对象捕捉追踪"开启。

"动态输入"开启。

"显示线宽"开启。

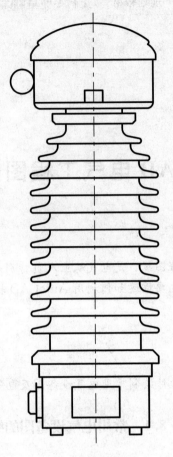

图 8-1　电压互感器

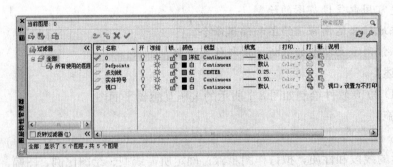

图 8-2　设置图层

3. 绘制铁帽及储油器

结果如图 8-3 所示。

(1) 切换到"点画线"图层。

(2) 激活"直线"命令,绘制一条长约 200 的竖直直线。

(3) 切换到"0"图层。

(4) 利用"直线"、"复制"或"偏移"等命令,绘制如图 8-4 所示的图形。

(5) 利用"圆弧"命令,绘制如图 8-5 所示的三段圆弧。

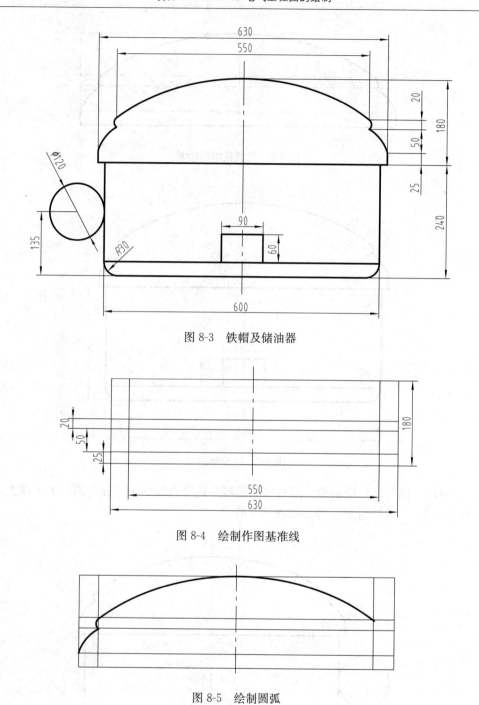

图 8-3　铁帽及储油器

图 8-4　绘制作图基准线

图 8-5　绘制圆弧

（6）利用"镜像"命令，镜像圆弧，并用"直线"命令补画余下的直线，完成铁帽的绘制。结果如图 8-6 所示。

（7）利用"删除"命令，将辅助直线删除。

（8）利用"直线"、"圆角"命令，绘制铁帽下的储油器，并用"夹点编辑"命令把中心线拉长到合适的长度，结果如图 8-7 所示。

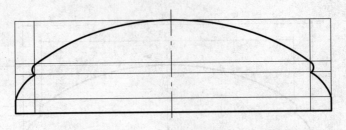

图 8-6　完成铁帽的绘制

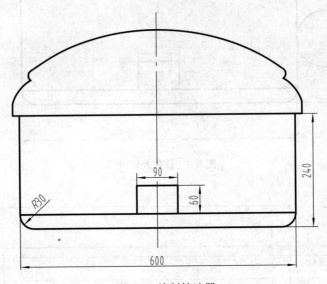

图 8-7　绘制储油器

（9）利用"圆"命令绘制圆。圆心与储油器左边竖直线的中点处于同一水平线上，且与该竖直线相切，半径约为 60。结果如图 8-8 所示。

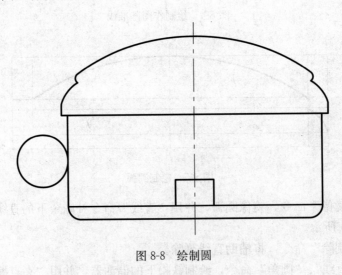

图 8-8　绘制圆

4.绘制底座图

底座的具体尺寸如图 8-9 所示。

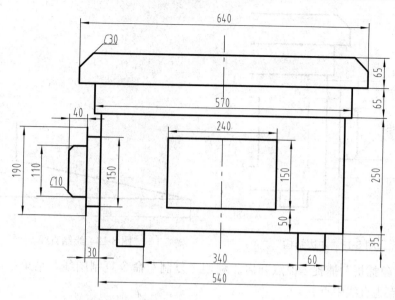

图 8-9　底座

（1）切换到"点画线"图层。

（2）在绘图区空白处，利用"直线"命令，绘制一条长约 400 的竖直直线。

（3）利用"矩形"或"直线"及"倒角"命令绘制矩形，如图 8-10 所示。

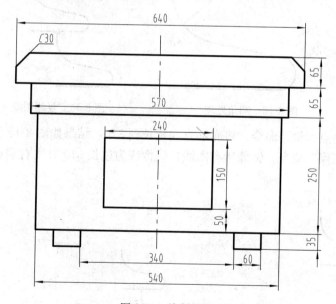

图 8-10　绘制矩形

（4）利用"直线"及"倒角"命令，完成图形左边结构的绘制，如图 8-11 所示。

5. 绘制瓷柜

（1）切换到"实体符号"图层，利用"直线"命令绘制如图 8-12 所示的直线。

（2）利用"圆角"命令，对所画直线进行圆角处理，如图 8-13 所示。

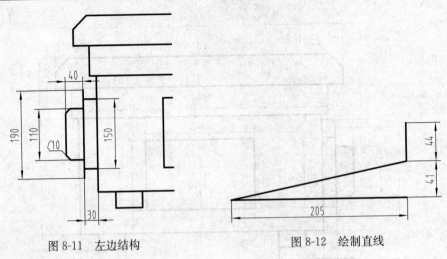

图 8-11　左边结构　　　　　　　　　图 8-12　绘制直线

（3）"对象捕捉"捕捉◢中点开启。利用"复制"命令复制图线，结果如图 8-14 所示。图中标示的点为直线中点。

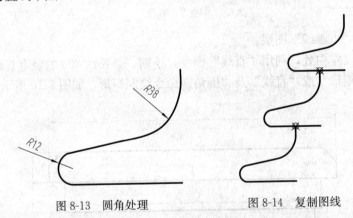

图 8-13　圆角处理　　　　　　　　　图 8-14　复制图线

（4）利用"夹点编辑"命令，将底部直线延长到 310，结果如图 8-15 所示。

（5）利用"镜像"命令，镜像所有图线，镜像线为过长 310 直线右端点的竖直线，结果如图 8-16 所示。

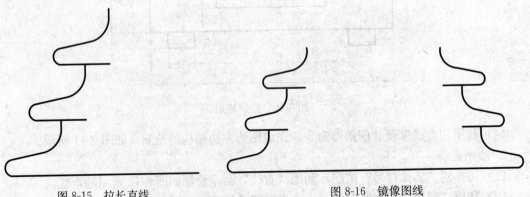

图 8-15　拉长直线　　　　　　　　　图 8-16　镜像图线

（6）利用"夹点编辑"或"延伸"、"直线"命令，补齐直线。利用"夹点编辑"命令，将图形最上方的两条竖直线各延长到 100，并用直线连接，结果如图 8-17 所示。

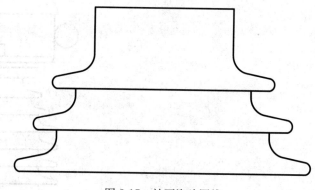

图 8-17　补画瓷片图线

（7）利用"矩形"、"倒角"、"修剪"等命令，绘制如图 8-18 所示的矩形。切换到"点画线"图层，利用"直线"命令，绘制中心线。

（8）利用"阵列"命令，对最下面的一个瓷片进行矩形阵列，阵列行数为 10，列数为 1，行偏移为−85。利用"夹点编辑"命令，将中心线拉长到合适的长度。结果如图 8-19 所示。

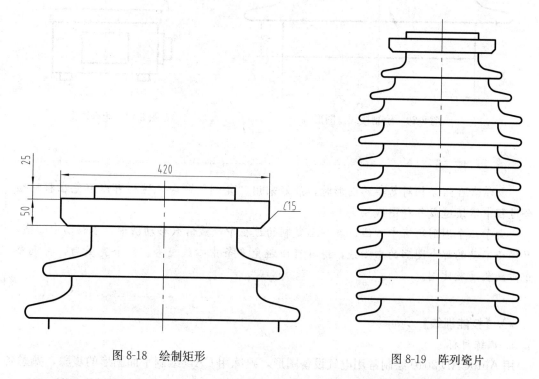

图 8-18　绘制矩形　　　　　　　　图 8-19　阵列瓷片

（9）利用"直线"命令，在瓷片最下方绘制接线盒图形，结果如图 8-20 所示。

6. 组成电压互感器外形图

（1）利用"移动"或者"复制"命令，将上面绘制的三个图形组合在一起，并调整中心线长度及比例。结果如图 8-21 所示。

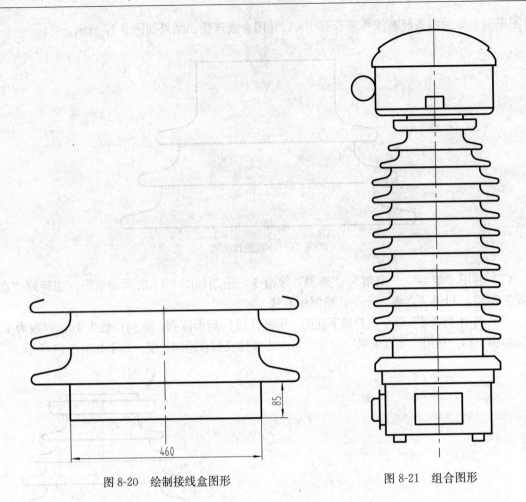

图 8-20　绘制接线盒图形　　　　　　　图 8-21　组合图形

小技巧

　　初学者在组合相对复杂的图形时，最好采用"复制"命令，这样可以避免在移动组合过程中不慎造成各种图线缺失。

　　由于三个图形均有中心线，在移动复制的过程中，最好只移动图形，不移动中心线，只保留不动的那个图形的中心线，这样可以避免多条中心线重叠。组合完成后，再调整中心线长度及比例。

【技能训练】

　　1. 训练目标

　　用 AutoCAD 2010 绘制常用电气设备图形，熟练用 CAD 绘制平面图形的步骤，熟悉各种绘图及编辑方法的综合运用。

　　2. 任务要求

　　用 AutoCAD 绘制如图 8-22 所示的隔离开关外形图，自选绘图比例。

　　3. 组织方式

　　独立完成任务，可互相讨论，教师指导。

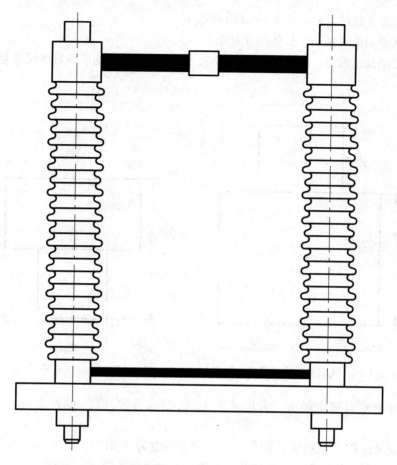

图 8-22　隔离开关

4. 任务实施

（1）分析图形中的尺寸作用及性质，确定作图步骤。

（2）绘图前基本设置及辅助设置：设置图层；设置文字样式；绘图状态设定。

（3）绘制图形。

1）绘制隔离开关绝缘支柱，具体尺寸见图 8-23。

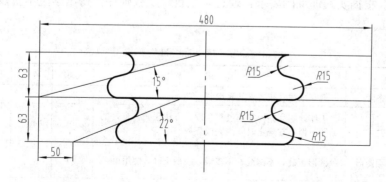

图 8-23　绝缘支柱部分结构尺寸

2）绘制绝缘支柱的撑杆，为 180×120 的矩形。

3）绘制铁帽和接线端子，具体尺寸见图 8-24。

4）绘制底座及轴承座，底座为尺寸为 1880×130 的矩形，轴承座具体尺寸见图 8-25。

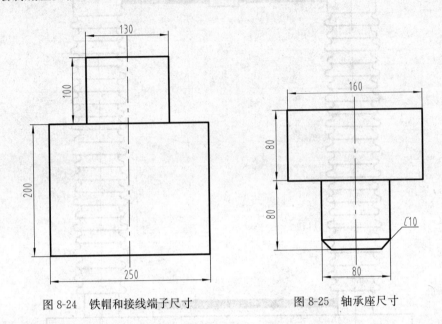

图 8-24　铁帽和接线端子尺寸　　　　　　图 8-25　轴承座尺寸

5）绘制导电闸刀和主触头，为尺寸为 1050×80、150×120 的两矩形，填充图案为 SOILD。

6）绘制交叉连杆，为 1120×40 的矩形，填充图案为 SOILD。

7）移动复制各部件组合成隔离开关，两绝缘支柱之间的距离为 1300。

8）检查图形。

（4）保存图形。

5. 考核标准

（1）总结。根据训练目标，学生做出个人总结，内容包括知识和技能的掌握情况、存在问题、努力方向等；教师对全班的阶段性训练进行总结，包括是否完成教学目标、存在问题、如何改进等。

（2）考核。根据实践训练的要求，通过学生自评及教师评，得出学生本阶段训练的最终成绩，见表 8-1。

表 8-1   **考 核 标 准**

项　目		要　求	分值	自评	教师评	得分
职业素养 （50分）	态度	遵守纪律、按要求认真绘制	20			
	过程	工作计划完整，实施过程合理，方法正确，良好的绘图习惯，在规定时间内完成任务	30			
职业能力 （50分）	平面图形	图形正确，不漏线、不多线，线型正确，使用得当	50			
总　分			100			

任务 8.2　常见电气图的绘制

📢【教学目标】

（1）掌握常用电气图形符号的绘制方法。

（2）熟练图块的创建及运用。

（3）掌握电气工程图的绘制方法。

📝【任务描述】

用 AutoCAD 软件绘制如图 8-26 所示的电气图——遗相触发电路原理接线图。

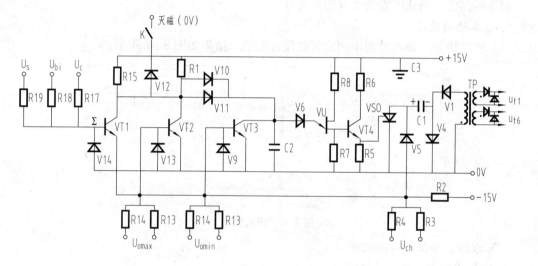

图 8-26　遗相触发电路原理接线图

💬【知识准备】

常用电气图形符号见图 8-27～图 8-36。

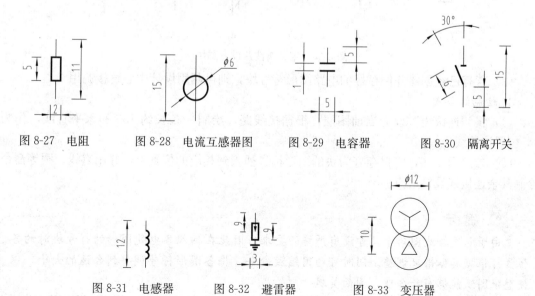

图 8-27　电阻　　　图 8-28　电流互感器图　　　图 8-29　电容器　　　图 8-30　隔离开关

图 8-31　电感器　　　图 8-32　避雷器　　　图 8-33　变压器

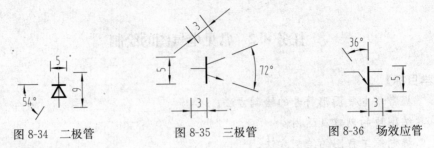

图 8-34　二极管　　　　　图 8-35　三极管　　　　　图 8-36　场效应管

⚙ 【任务实施】

1. 线路接线分析

根据线路图，确认所需的电气图形符号。

2. 基本绘图设定

(1) 图层设置。根据绘制本图的需要设置图层，结果如图 8-37 所示。

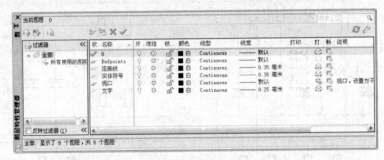

图 8-37　设置图层

(2) 根据需要设置绘图状态。

3. 准备好所需的电气图形符号

(1) 绘制所需的电气图形符号，定义属性，并分别创建为块。结果如图 8-38 所示。

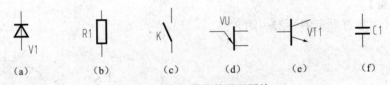

(a)　　　　　(b)　　　　　(c)　　　　　(d)　　　　　(e)　　　　　(f)

图 8-38　定义属性并设置图块

(2) 若有已经创建并保存好的电路图形符号块，则可利用设计中心直接调用

4. 绘制线路图

(1) 将"连接线"设为当前图层，根据接线路，绘制一条长约 150 的水平直线，作为 0V 位置连接线。

(2) 参照图 8-26，将保存好为块的图形符号插入到相应的位置上，并用直线、圆等命令绘制其余连接线及接触点。

 提 示

由于电气接线图对于尺寸没有严格的要求，因此在插入各电气图形的符号块时的各位置可根据具体情况调整。同时可利用缩放命令，将各图形符号调整到合适的大小，以使整张图纸能够布局合理，图面美观。

（3）由于整体布局的关系，符号名称（图块属性）的位置需要调整，具体方法如下：

双击需要更改属性的图块，系统弹出"增强属性编辑器"对话框，删除"值"，单击"确定"按钮退出对话框。利用"多行文字"命令，在适当位置填充需要的文字。

（4）用"圆环"命令绘制如图 8-26 所示的连接点。

（5）用"多行文字"命令，填充其他需要填充的文字。完成线路图的绘制。

附　　录

附表 1　　普通螺纹直径与螺距、基本尺寸（GB/T 193—2003 和 GB/T 196—2003）

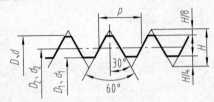

标记示例

公称直径 24mm，螺距 3mm，右旋粗牙普通螺纹，其标记为 M24

公称直径 24mm，螺距 1.5mm，左旋细牙普通螺纹，公差带代号 7H，其标记为 M24×1.5−LH

mm

公称直径 D、d		螺距 P		粗牙小径 D_1、d_1	公称直径 D、d		螺距 P		粗牙小径 D_1、d_1
第一系列	第二系列	粗牙	细牙		第一系列	第二系列	粗牙	细牙	
3		0.5	0.35	2.459	16		2	1.5，1	13.835
4		0.7	0.5	3.242		18	2.5	2，1.5，1	15.294
5		0.8		4.134	20				17.294
6		1	0.75	4.917		22			19.294
8		1.25	1，0.75	6.647	24		3	2，1.5，1	20.752
10		1.5	1.25，1，0.75	8.376	30		3.5	(3)，2，1.5，1	26.211
12		1.75	1.25，1	10.106	36		4	3，2，1.5	31.670
	14	2	1.5，1.25＊，1	11.835		39			34.670

注　应优先选用第一系列，括号内尺寸可能不用，带 ＊ 号仅用于火花塞。

附表 2　　**梯形螺纹直径与螺距系列、基本尺寸**

（GB/T 5796.2—2005、GB/T 5796.3—2005、GB/T 5796.4—2005）

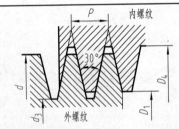

标记示例

公称直径 28mm、螺距 5mm、中径公差带代号为 7H 的单线右旋梯形内螺纹，其标记为 Tr28×5−7H

公称直径 28mm、导程 10mm、螺距 5mm，中径公差带代号为 8e 的双线左旋梯形外螺纹，其标记为 Tr28×10 (P5) LH−8e

内外螺纹旋合所组成的螺纹副的标记为 Tr24×8−7H/8e

mm

公称直径 d		螺距 P	大径 D_4	小径		公称直径 d		螺距 P	大径 D_4	小径	
第一系列	第二系列			d_3	D_1	第一系列	第二系列			d_3	D_1
16		2	16.50	13.50	14.00	24		3	24.50	20.50	21.00
		4		11.50	12.00			5		18.50	19.00
	18	2	18.50	15.50	16.00			8	25.00	15.00	16.00
		4		13.50	16.00		26	3	26.50	22.50	23.00
20		2	20.50	17.50	18.00			5		20.50	21.00
		4		15.50	16.00			8	27.00	17.00	18.00
	22	3	22.50	18.50	19.00	28		3	28.50	24.50	25.00
		5		16.50	17.00			5		22.50	23.00
		8	23.0	13.00	14.00			8	29.00	19.00	20.00

注　螺纹公差带代号：外螺纹有 9c、8c、8e、7e；内螺纹有 9H、8H、7H。

附表3　　　　　　　　　　　**管螺纹尺寸代号及基本尺寸**

55°非密封管螺纹（GB/T 7307—2001）

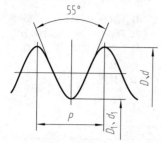

标记示例

尺寸代号为 1/2 的 A 级右旋外螺纹的标记为 G1/2A

尺寸代号为 1/2 的 B 级左旋外螺纹的标记为 G1/2B—LH

尺寸代号为 1/2 的右旋内螺纹的标记为 G1/2

mm

尺寸代号	每25.4mm内的牙数 n	螺距 P	大径 $D＝d$	小径 $D_1＝d_1$	基准距离
1/4	19	1.337	13.157	11.445	6
3/8	19	1.337	16.662	14.950	6.4
1/2	14	1.814	20.955	18.631	8.2
3/4	14	1.814	26.441	24.117	9.5
1	11	2.309	33.249	30.291	10.4
11/4	11	2.309	41.910	38.952	12.7
11/2	11	2.309	47.803	44.845	12.7
2	11	2.309	59.614	56.656	15.9

附表4　　　　　　　　　　　　**六角头螺栓**

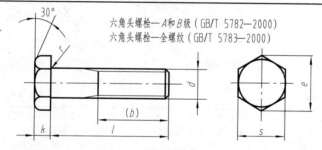

六角头螺栓—A和B级（GB/T 5782—2000）

六角头螺栓—全螺纹（GB/T 5783—2000）

标记示例

螺纹规格 $d＝$M12、公称长度 $l＝$80mm、性能等级为8.8级、表面氧化、A级的六角螺栓，

其标记为螺栓 GB/T 5782 M12×80

螺纹规格 d		M3	M4	M5	M6	M8	M10	M12	M16	M20	M24	M30	M36
s		5.5	7	8	10	13	16	18	24	30	36	46	55
k		2	2.8	3.5	4	5.3	6.4	7.5	10	12.5	15	18.7	22.5
r		0.1	0.2	0.2	0.25	0.4	0.4	0.6	0.6	0.6	0.8	1	1
e	A	6.01	7.66	8.79	11.05	14.38	17.77	20.03	26.75	33.53	39.98	—	—
	B	5.88	7.50	8.63	10.89	14.20	17.59	19.85	26.17	32.95	39.55	50.85	51.11
(b) GB/T 5782	$l≤125$	12	14	16	18	22	26	30	38	46	54	66	—
	$125＜l≤200$	18	20	22	24	28	32	36	44	52	60	72	84
	$l＞200$	31	33	35	37	41	45	49	57	65	73	85	97
l 范围（GB/T 5782）		20～30	25～40	25～50	30～60	40～80	45～100	50～120	65～160	80～200	90～240	110～300	140～360
l 范围（GB/T 5783）		6～30	8～40	10～50	12～60	16～80	20～100	25～120	30～150	40～150	50～150	60～200	70～200
l 系列		6，8，10，12，16，20，25，30，35，40，45，50，55，60，65，70，80，90，100，110，120，130，140，150，160，180，200，220，240，260，280，300，320，340，360，380，400，420，440，460，480，500											

附表 5   双 头 螺 柱

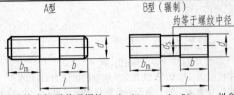

GB/T 897—1988 ($b_m = 1d$)
GB/T 898—1988 ($b_m/1.25d$)
GB/T 899—1988 ($b_m = 1.5d$)
GB/T 900—1988 ($b_m = 2d$)

两端均为粗牙普通螺纹，$d=10mm$、$l=50mm$、性能等级为 4.8 级、不经表面处理
B 型、$b_m=1d$ 的双头螺柱，标记为   螺柱 GB/T 897 M10×50
若为 A 型，则标记为   螺柱 GB/T 897 AM10×50

mm

螺纹规格 d		M3	M4	M5	M6	M8
b_m 公称	GB/T 897—1988			5	6	8
	GB/T 898—1988			6	8	10
	GB/T 899—1988	4.5	6	8	10	12
	GB/T 900—1988	6	8	10	12	16
$\dfrac{l}{b}$		$\dfrac{16\sim20}{6}$ $\dfrac{(22)\sim40}{12}$	$\dfrac{16\sim(22)}{8}$ $\dfrac{25\sim40}{14}$	$\dfrac{16\sim(22)}{10}$ $\dfrac{25\sim50}{16}$	$\dfrac{20\sim(22)}{10}$ $\dfrac{25\sim30}{14}$ $\dfrac{(32)\sim(75)}{18}$	$\dfrac{20\sim(22)}{12}$ $\dfrac{25\sim30}{16}$ $\dfrac{(32)\sim90}{22}$

螺纹规格 d		M10	M12	M16	M20	M24
b_m 公称	GB/T 897—1988	10	12	16	20	24
	GB/T 898—1988	12	15	20	25	30
	GB/T 899—1988	15	18	24	30	36
	GB/T 900—1988	20	24	32	40	48
$\dfrac{l}{b}$		$\dfrac{23\sim(28)}{14}$ $\dfrac{30\sim(38)}{16}$ $\dfrac{40\sim120}{26}$ $\dfrac{130}{32}$	$\dfrac{25\sim30}{16}$ $\dfrac{(32)\sim40}{20}$ $\dfrac{45\sim120}{30}$ $\dfrac{130\sim180}{36}$	$\dfrac{30\sim(38)}{20}$ $\dfrac{40\sim(55)}{30}$ $\dfrac{60\sim120}{38}$ $\dfrac{130\sim200}{44}$	$\dfrac{35\sim40}{25}$ $\dfrac{(45)\sim(65)}{35}$ $\dfrac{70\sim120}{46}$ $\dfrac{130\sim200}{52}$	$\dfrac{45\sim50}{30}$ $\dfrac{(55)\sim(75)}{45}$ $\dfrac{80\sim120}{54}$ $\dfrac{130\sim200}{60}$

注 1. GB/T 897—1988 和 GB/T 898—1988 规定螺柱的螺纹规格 $d=M5\sim M48$，公称长度 $l=16\sim300mm$；GB/T 899—1988 和 GB/T 900—1988 规定螺柱的螺纹规格 $d=M2\sim M48$，公称长度 $l=12\sim300mm$。
2. 螺柱公称长度 l（系列）：12、(14)、16、(18)、20、(22)、25、(28)、30、(32)、35、(38)、40、45、50、(55)、60、(65)、70、(75)、80、(85)、90、(95)、100～260（10 进位）、280、300mm，尽可能不采用括号内的数值。
3. 材料为钢的螺柱性能等级有 4.8、5.8、6.8、8.8、10.9、12.9 级，其中 4.8 级为常用。

附表 6   1 型六角螺母（GB/T 6170—2000）

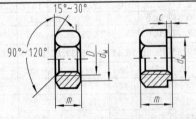

标记示例
螺纹规格 $D=M12$、性能等级为 8 级、不经表面处理、产品等级为 A 级的 1 型六角螺母，其标记为螺母 GB/T 6170 M12

mm

螺纹规格 d		M3	M4	M5	M6	M8	M10	M12	M16	M20	M24	M30	M36
e	(min)	6.01	7.66	8.79	11.05	14.38	17.77	20.03	26.75	32.95	39.55	50.85	60.79
s	(max)	5.5	7	8	10	13	16	18	24	30	36	46	55
	(min)	5.32	6.78	7.78	9.78	12.73	15.73	17.73	23.67	29.16	35	45	53.8
c	(max)	0.4	0.4	0.5	0.5	0.6	0.6	0.6	0.8	0.8	0.8	0.8	0.8
d_w	(max)	4.6	5.9	6.9	8.9	11.6	14.6	16.6	22.5	27.7	33.2	42.7	51.1
	(min)	3.45	4.6	5.75	6.75	8.75	10.8	13	17.3	21.6	25.9	32.4	38.9
m	(max)	2.4	3.2	4.7	5.2	6.8	8.4	10.8	14.8	18	21.5	25.6	31
	(min)	2.15	2.9	4.4	4.9	6.44	8.04	10.37	14.1	16.9	20.2	24.3	29.4

附表 7　平垫圈—A 级（GB/T 97.1—2002）、**平垫圈倒角型—A 级**（GB/T 97.2—2002）

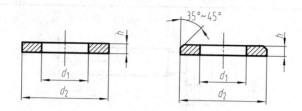

标记示例

标准系列，公称规格 8mm，由钢制造的硬度等级为 200HV 级、不经表面处理、产品等级为 A 级的平垫圈，其标记为垫圈 GB/T 97.1 8

mm

公称规格（螺纹大径 d）	2	2.5	3	4	5	6	8	10	12	14	16	20	24	30
内径 d_1	2.2	2.7	3.2	4.3	5.3	6.4	8.4	10.5	13	15	17	21	25	31
外径 d_2	5	6	7	9	10	12	16	20	24	28	30	37	44	56
厚度 h	0.3	0.5	0.5	0.8	1	1.6	1.6	2	2.5	2.5	3	3	4	4

附表 8　标准弹簧垫圈（GB/T 93—1987）**轻型弹簧垫圈**（GB/T 859—1987）

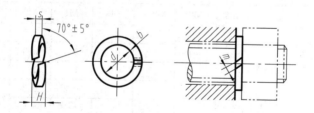

标记示例

公称直径 16mm、材料为 65Mn、表面氧化的标准型弹簧垫圈，其标记为垫圈 GB/T 93 16

mm

规格（螺纹大径）		2	2.5	3	4	5	6	8	10	12	16	20	24	30	36	42	48
d		2.1	2.6	3.1	4.1	5.1	6.2	8.2	10.2	12.3	16.3	20.5	24.5	30.5	36.6	42.6	49
H	GB/T 93—1987	1.2	1.6	2	2.4	3.2	4	5	6	7	8	10	12	13	14	16	18
	GB/T 859—1987	1	1.2	1.6	1.6	2	2.4	3.2	4	5	6.4	8	9.6	12			
$S(b)$	GB/T 93—1987	0.6	0.8	1	1.2	1.6	2	2.5	3	3.5	4	5	6	6.5	7	8	9
S	GB/T 859—1987	0.5	0.6	0.8	0.8	1	1.2	1.6	2	2.5	3.2	4	4.8	6			
$m \leqslant$	GB/T 93—1987	0.4		0.5	0.6	0.8	1	1.2	1.5	1.7	2	2.5	3	3.2	3.5	4	4.5
	GB/T 859—1987	0.3		0.4		0.5	0.6	0.8	1	1.2	1.6	2	2.4	3			
b	GB/T 859—1987	0.8		1	1.2		1.6	2	2.5	3.5	4.5	5.5	6.5	8			

附表9　　　开槽圆柱头螺钉（GB/T 65—2000）、开槽沉头螺钉（GB/T 68—2000）、
开槽盘头螺钉（GB/T 67—2000）

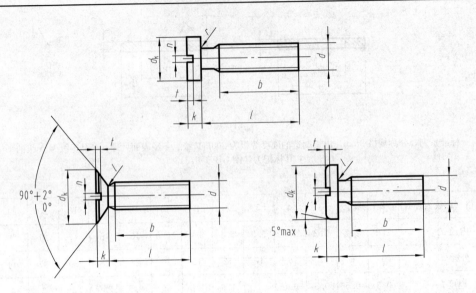

标记示例

螺纹规格 d=M5，公称长度 l=20 mm、性能等级为4.8级、不经表面处理的A级开槽圆柱头螺钉，
其标记为螺钉 GB/T65　M5×20

螺纹规格 d		M1.6	M2	M2.5	M3	M4	M5	M6	M8	M10
GB/T 65—2000	d_k					7	8.5	10	13	16
	k					2.6	3.3	3.9	5	6
	t_{min}					1.1	1.3	1.6	2	2.4
	r_{min}					0.2	0.2	0.25	0.4	0.4
	l					5~40	6~50	8~60	10~80	12~80
GB/T 67—2000	d_k	3.2	4	5	5.6	8	9.5	12	16	23
	k	1	1.3	1.5	1.8	2.4	3	3.6	4.8	6
	t_{min}	0.35	0.5	0.6	0.7	1	1.2	1.4	1.9	2.4
	r_{min}	0.1	0.1	0.1	0.1	0.2	0.2	0.25	0.4	0.4
	l	2~16	2.5~20	3~25	4~30	5~40	6~50	8~60	10~80	12~80
	全螺纹时最大长度	30	30	30	30	40	40	40	40	40
GB/T 68—2000	d_k	3	3.8	4.7	5.5	8.4	9.3	11.3	15.8	18.5
	k	1	1.2	1.5	1.65	2.7	2.7	3.3	4.65	5
	t_{min}	0.32	0.4	0.5	0.6	1	1.1	1.2	1.8	2
	r_{min}	0.4	0.5	0.6	0.8	1	1.3	1.5	2	2.5
	l	2.5~16	3~20	4~25	5~30	6~40	8~50	8~60	10~80	12~80
	全螺纹时最大长度	30	30	30	30	45	45	45	45	45
n		0.4	0.5	0.6	0.8	1.2	1.2	1.6	2	2.5
b_{min}		25					38			
l 系列		2、2.5、3、4、5、6、8、10、12、(14)、16、20、25、30、35、40、45、50、(55)、60、(65)、70、(75)、80								

附表 10　　圆柱销　不淬硬钢和奥氏体不锈钢（GB/T 119.1—2000）、
圆柱销　淬硬钢和马氏体不锈钢（GB/T 119.2—2000）

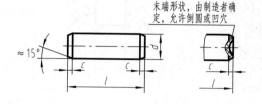

末端形状，由制造者确定，允许倒圆或凹穴

标记示例

公称直径 $d=6$mm、公差 m6、公称长度 $l=30$mm、材料为钢、不经淬火、不经表面处理的圆柱销，其标记为
销　GB/T 119.1　6m6×30

公称直径 $d=6$mm、公称长度 $l=30$mm、材料为钢、普通淬火（A 型）、表面氧化处理的圆柱销，其标记为
销　GB/T 119.2　6×30

公称直径 d		3	4	5	6	8	10	12	16	20	25	30	40	50
$c\approx$		0.50	0.63	0.80	1.2	1.6	2.0	2.5	3.0	3.5	4.0	5.0	6.3	8.0
公称长度 l	GB/T 119.1	8~30	8~40	10~50	12~60	14~80	18~95	22~140	26~180	35~200	50~200	60~200	80~200	95~200
	GB/T 119.2	8~30	10~40	12~50	14~60	18~80	22~100	26~100	40~100	50~100	—	—	—	—
l 系列		8, 10, 12, 14, 16, 18, 20, 22, 24, 26, 28, 30, 32, 35, 40, 45, 50, 55, 60, 65, 70, 75, 80, 85, 90, 95, 100, 120, 140, 160, 180, 200												

注　1. GB/T 119.1—2000 规定圆柱销的公称直径 $d=0.6$~50mm，公称长度 $l=2$~200mm，公差有 m6 和 h8。
　　2. GB/T 119.2—2000 规定圆柱销的公称直径 $d=1$~20mm，公称长度 $l=3$~100mm，公差仅有 m6。
　　3. 当圆柱销公差为 h8 时，其表面粗糙度 $Ra\leqslant 1.6\mu m$。

附表 11　　圆　锥　销（BG/T 117—2000）

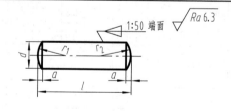

1:50　端面　$\sqrt{Ra\,6.3}$

标记示例

公称直径 $d=10$mm、公称长度 $l=60$mm、材料为 35 钢、热处理硬度（28~38）HRC、表面氧化处理的 A 型圆锥销，其标记为销　GB/T 117　10×60

$r_1\approx d$

$r_2\approx d+\dfrac{a}{2}+\dfrac{(0.02l)^2}{8a}$

mm

公称直径 d	4	5	6	8	10	12	16	20	25	30	40	50
$a\approx$	0.5	0.63	0.8	1	1.2	1.6	2	2.5	3	4	5	6.3
公称长度 l	14~55	18~60	22~90	22~120	26~160	32~180	40~200	45~200	50~200	55~200	60~200	65~200
l 系列	2, 3, 4, 5, 6, 8, 10, 12, 14, 16, 18, 20, 22, 24, 26, 28, 30, 32, 35, 40, 45, 50, 55, 60, 65, 70, 75, 80, 85, 90, 95, 100, 120, 140, 160, 180, 200											

注　1. 标准规定圆锥销的公称直径 $d=0.6$~50mm。
　　2. 有 A 型和 B 型。A 型为磨削，锥面表面粗糙度 $Ra=0.8\mu m$；B 型为切削或冷镦，锥面粗糙度 $Ra=3.2\mu m$。

附表 12　　　　　　**平键及键槽各部尺寸**（GB/T 1095～1096—2003）

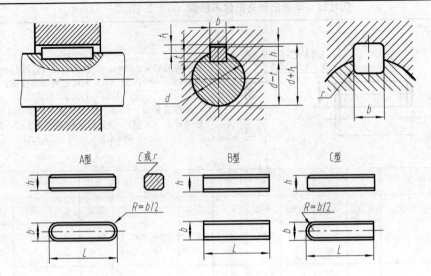

标记示例：

键 16×100　GB/T 1096—2003（圆头普通平键、$b=16$、$h=10$、$L=100$）

键 B16×100　GB/T 1096—2003（平头普通平键、$b=16$、$h=10$、$L=100$）

键 C16×100　GB/T 1096—2003（单圆头普通平键、$b=16$、$h=10$、$L=100$）

mm

轴	键		键　槽										
			宽度 b					深度				半径 r	
公称直径 d	公称尺寸 $b×h$ (h9)	长度 L (h11)	公称尺寸 b	极限偏差				轴 t		毂 t_1			
				较松连接		一般连接		较紧连接					
				轴 H9	毂 D10	轴 N9	毂 JS9	轴和毂 P9	公称尺寸	极限偏差	公称尺寸	极限偏差	最大	最小
>10～12	4×4	8～45	4	+0.030 0	+0.078 +0.030	0 −0.030	±0.015	−0.012 −0.042	2.5	+0.1 0	1.8	+0.1 0	0.08	0.16
>12～17	5×5	10～56	5						3.0		2.3		0.16	0.25
>17～22	6×6	14～70	6						3.5		2.8			
>22～30	8×7	18～90	8	+0.036 0	+0.098 +0.040	0 −0.036	±0.018	−0.015 −0.051	4.0		3.3			
>30～38	10×8	22～110	10						5.0		3.3			
>38～44	12×8	28～140	12	+0.043 0	+0.120 +0.050	0 −0.043	±0.022	−0.018 −0.061	5.0	+0.2 0	3.3	+0.2 0	0.25	0.40
>44～50	14×9	36～160	14						5.5		3.8			
>50～58	16×10	45～180	16						6.0		4.3			
>58～65	18×11	50～200	18						7.0		4.4			
>65～75	20×12	56～220	20	+0.052 0	+0.149 +0.065	0 −0.052	±0.026	−0.022 −0.074	7.5		4.9		0.40	0.60
>75～85	22×14	63～250	22						9.0		5.4			
>85～95	25×14	70～280	25						9.0		5.4			
>95～110	28×16	80～320	28						10		6.4			

注　1. $(d−t)$ 和 $(d+t_1)$ 两个组合尺寸的极限偏差，按相应的 t 和 t_1 的极限偏差选取，但 $(d−t)$ 极限偏差应取负号（−）。

　　2. L 系列：6～22（2 进位）、25、28、32、36、40、45、50、56、63、70、80、90、100、110、125、140、160、180、200、220、250、280、320、360、400、450、500。

　　3. 键 b 的极限偏差为 h9，键 h 的极限偏差为 h11，键长 L 的极限偏差为 h14。

附表 13　　公称尺寸至 3150mm 的标准公差数值（GB/T 1800.2—2009）

公称尺寸(mm) 大于	至	IT1	IT2	IT3	IT4	IT5	IT6	IT7	IT8	IT9	IT10	IT11	IT12	IT13	IT14	IT15	IT16	IT17	IT18
		μm											mm						
—	3	0.8	1.2	2	3	4	6	10	14	25	40	60	0.1	0.14	0.25	0.4	0.6	1	1.4
3	6	1	1.5	2.5	4	5	8	12	18	30	48	75	0.12	0.18	0.3	0.48	0.75	1.2	1.8
6	10	1	1.5	2.5	4	6	9	15	22	36	58	90	0.15	0.22	0.36	0.58	0.9	1.5	2.2
10	18	1.2	2	3	5	8	11	18	27	43	70	110	0.18	0.27	0.43	0.7	1.1	1.8	2.7
18	30	1.5	2.5	4	6	9	13	21	33	52	84	130	0.21	0.33	0.52	0.84	1.3	2.1	3.3
30	50	1.5	2.5	4	7	11	16	25	39	62	100	160	0.25	0.39	0.62	1	1.6	2.5	3.9
50	80	2	3	5	8	13	19	30	46	74	120	190	0.3	0.46	0.74	1.2	1.9	3	4.6
80	120	2.5	4	6	10	15	22	35	54	87	140	220	0.35	0.54	0.87	1.4	2.2	3.5	5.4
120	180	3.5	5	8	12	18	25	40	63	100	160	250	0.4	0.63	1	1.6	2.5	4	6.3
180	250	4.5	7	10	14	20	29	46	72	115	185	290	0.45	0.72	1.15	1.85	2.9	4.6	7.2
250	315	6	8	12	16	23	32	52	81	130	210	320	0.52	0.81	1.3	2.1	3.2	5.2	8.1
315	400	7	9	13	18	25	36	57	89	140	230	360	0.57	0.89	1.4	2.3	3.6	5.7	8.9
400	500	8	10	15	20	27	40	63	97	155	250	400	0.63	0.97	1.55	2.5	4	6.3	9.7
500	630	9	11	16	22	32	44	70	110	175	280	440	0.7	1.1	1.75	2.8	4.4	7	11
630	800	10	13	18	25	36	50	80	125	200	320	500	0.8	1.25	2	3.2	5	8	12.5
800	1000	11	15	21	28	40	56	90	140	230	350	560	0.9	1.4	2.3	3.6	5.6	9	14
1000	1250	13	18	24	33	47	66	105	165	260	420	660	1.05	1.65	2.6	4.2	6.6	10.5	16.5
1250	1600	15	21	29	39	55	78	125	195	310	500	780	1.25	1.95	3.1	5	7.8	12.5	19.5
1600	2000	18	25	35	46	65	92	150	230	370	600	920	1.5	2.3	3.7	6	9.2	15	23
2000	2500	22	30	41	55	78	110	175	280	440	700	1100	1.75	2.8	4.4	7	11	17.5	28
2500	3150	26	36	50	68	96	135	210	330	540	860	1350	2.1	3.3	5.4	8.6	13.5	21	33

注　1. 公称尺寸大于 500mm 的 IT1～IT5 的标准公差数值为试行的。
　　2. 公称尺寸小于或等于 1mm 时，无 IT14～IT18。

附表 14　　　　　　　　　　　　　　　　　　　　　　　　　　　　　　　　　　　**轴的基本偏差数值**

公称尺寸(mm)		基本偏差数值（上极限偏差 es）所有标准公差等级												基本偏差数值				
														IT5和IT6	IT7	IT8	IT4~IT7	≤IT3 / >IT7
大于	至	a	b	c	cd	d	e	ef	f	fg	g	h	js	j			k	
—	3	−270	−140	−60	−34	−20	−14	−10	−6	−4	−2	0		−2	−4	−6	0	0
3	6	−270	−140	−70	−46	−30	−20	−14	−10	−6	−4	0		−2	−4		+1	0
6	10	−280	−150	−80	−56	−40	−25	−18	−13	−8	−5	0		−2	−5		+1	0
10	14	−290	−150	−95		−50	−32		−16		−6	0		−3	−6		+1	0
14	18	−290	−150	−95		−50	−32		−16		−6	0		−3	−6		+1	0
18	24	−300	−160	−110		−65	−40		−20		−7	0		−4	−8		+2	0
24	30	−300	−160	−110		−65	−40		−20		−7	0		−4	−8		+2	0
30	40	−310	−170	−120		−80	−50		−25		−9	0		−5	−10		+2	0
40	50	−320	−180	−130		−80	−50		−25		−9	0		−5	−10		+2	0
50	65	−340	−190	−140		−100	−60		−30		−10	0		−7	−12		+2	0
65	80	−360	−200	−150		−100	−60		−30		−10	0		−7	−12		+2	0
80	100	−380	−220	−170		−120	−72		−36		−12	0	偏差＝±$\frac{\mathrm{IT}_n}{2}$，式中 IT_n 是 IT 值数	−9	−15		+3	0
100	120	−410	−240	−180		−120	−72		−36		−12	0		−9	−15		+3	0
120	140	−460	−260	−200		−145	−85		−43		−14	0		−11	−18		+3	0
140	160	−520	−280	−210		−145	−85		−43		−14	0		−11	−18		+3	0
160	180	−580	−310	−230		−145	−85		−43		−14	0		−11	−18		+3	0
180	200	−660	−340	−240		−170	−100		−50		−15	0		−13	−21		+4	0
200	225	−740	−380	−260		−170	−100		−50		−15	0		−13	−21		+4	0
225	250	−820	−420	−280		−170	−100		−50		−15	0		−13	−21		+4	0
250	280	−920	−480	−300		−190	−110		−56		−17	0		−16	−26		+4	0
280	315	−1050	−540	−330		−190	−110		−56		−17	0		−16	−26		+4	0
315	355	−1200	−600	−360		−210	−125		−62		−18	0		−18	−28		+4	0
355	400	−1350	−680	−400		−210	−125		−62		−18	0		−18	−28		+4	0
400	450	−1500	−760	−440		−230	−135		−68		−20	0		−20	−32		+5	0
450	500	−1650	−840	−480		−230	−135		−68		−20	0		−20	−32		+5	0
500	560					−260	−145		−76		−22	0						0
560	630					−260	−145		−76		−22	0						0
630	710					−290	−160		−80		−24	0						0
710	800					−290	−160		−80		−24	0						0
800	900					−320	−170		−86		−26	0						0
900	1000					−320	−170		−86		−26	0						0
1000	1120					−350	−195		−98		−28	0						0
1120	1250					−350	−195		−98		−28	0						0
1250	1400					−390	−220		−110		−30	0						0
1400	1600					−390	−220		−110		−30	0						0
1600	1800					−430	−240		−120		−32	0						0
1800	2000					−430	−240		−120		−32	0						0
2000	2240					−480	−260		−130		−34	0						0
2240	2500					−480	−260		−130		−34	0						0
2500	2800					−520	−290		−145		−38	0						0
2800	3150					−520	−290		−145		−38	0						0

注　基本尺寸小于或等于 1mm 时，基本偏差 a 和 b 均不采用。公差带 js7~js11，若 IT_n 值数是奇数，则取偏差＝±$\frac{\mathrm{IT}_n-1}{2}$。

（GB/T 1800.2—2009）　　　　　　　　　　　　　　　　　　μm

（下极限偏差 ei）

所有标准公差等级

m	n	p	r	s	t	u	v	x	y	z	za	zb	zc
+2	+4	+6	+10	+14		+18		+20		+26	+32	+40	+60
+4	+8	+12	+15	+19		+23		+28		+35	+42	+50	+80
+6	+10	+15	+19	+23		+28		+34		+42	+52	+67	+97
+7	+12	+18	+23	+28		+33		+40		+50	+64	+90	+130
							+39	+45		+60	+77	+108	+150
+8	+15	+22	+28	+35		+41	+47	+54	+63	+73	+98	+136	+188
					+41	+48	+55	+64	+75	+88	+118	+160	+218
+9	+17	+26	+34	+43	+48	+60	+68	+80	+94	+112	+148	+200	+274
					+54	+70	+81	+97	+114	+136	+180	+242	+325
+11	+20	+32	+41	+53	+66	+87	+102	+122	+144	+172	+226	+300	+405
			+43	+59	+75	+102	+120	+146	+174	+210	+274	+360	+480
+13	+23	+37	+51	+71	+91	+124	+146	+178	+214	+258	+335	+445	+585
			+54	+79	+104	+144	+172	+210	+254	+310	+400	+525	+690
+15	+27	+43	+63	+92	+122	+170	+202	+248	+300	+365	+470	+620	+800
			+65	+100	+134	+190	+228	+280	+340	+415	+535	+700	+900
			+68	+108	+146	+210	+252	+310	+380	+465	+600	+780	+1000
+17	+31	+50	+77	+122	+166	+236	+284	+350	+425	+520	+670	+880	+1150
			+80	+130	+180	+258	+310	+385	+470	+575	+740	+960	+1250
			+84	+140	+196	+284	+340	+425	+520	+640	+820	+1050	+1350
+20	+34	+56	+94	+158	+218	+315	+385	+475	+580	+710	+920	+1200	+1550
			+98	+170	+240	+350	+425	+525	+650	+790	+1000	+1300	+1700
+21	+37	+62	+108	+190	+268	+390	+475	+590	+730	+900	+1150	+1500	+1900
			+114	+208	+294	+435	+530	+660	+820	+1000	+1300	+1650	+2100
+23	+40	+68	+126	+232	+330	+490	+595	+740	+920	+1100	+1450	+1850	+2400
			+132	+252	+360	+540	+660	+820	+1000	+1250	+1600	+2100	+2600
+26	+44	+78	+150	+280	+400	+600							
			+155	+310	+450	+660							
+30	+50	+88	+175	+340	+500	+740							
			+185	+380	+560	+840							
+34	+56	+100	+210	+430	+620	+940							
			+220	+470	+680	+1050							
+40	+66	+120	+250	+520	+780	+1150							
			+260	+580	+840	+1300							
+48	+78	+140	+300	+640	+960	+1450							
			+330	+720	+1050	+1600							
+58	+92	+170	+370	+820	+1200	+1850							
			+400	+920	+1350	+2000							
+68	+110	+195	+440	+1000	+1500	+2300							
			+460	+1100	+1650	+2500							
+76	+135	+240	+550	+1250	+1900	+2900							
			+580	+1400	+2100	+3200							

附表 15　　孔的基本偏差数值

公称尺寸(mm) 大于	至	A	B	C	CD	D	E	EF	F	FC	G	H	JS	J IT6	J IT7	J IT8	K ≤IT8	K >IT8	M ≤IT8	M >IT8	N ≤IT8	N >IT8
—	3	+270	+140	+60	+34	+20	+14	+10	+6	+4	+2	0		+2	+4	+6	0	0	−2	−2	−4	−4
3	6	+270	+140	+70	+46	+30	+20	+14	+10	+6	+4	0		+5	+6	+10	−1 $+\Delta$		−4 $+\Delta$	−4	−8 $+\Delta$	0
6	10	+280	+150	+80	+56	+40	+25	+18	+13	+8	+5	0		+5	+8	+12	−1 $+\Delta$		−6 $+\Delta$	−6	−10 $+\Delta$	0
10	14	+290	+150	+95		+50	+32		+16		+6	0		+6	+10	+15	−1 $+\Delta$		−7 $+\Delta$	−7	−12 $+\Delta$	0
14	18	+290	+150	+95		+50	+32		+16		+6	0		+6	+10	+15	−1 $+\Delta$		−7 $+\Delta$	−7	−12 $+\Delta$	0
18	24	+300	+160	+110		+65	+40		+20		+7	0		+8	+12	+20	−2 $+\Delta$		−8 $+\Delta$	−8	−15 $+\Delta$	0
24	30	+300	+160	+110		+65	+40		+20		+7	0		+8	+12	+20	−2 $+\Delta$		−8 $+\Delta$	−8	−15 $+\Delta$	0
30	40	+310	+170	+120		+80	+50		+25		+9	0		+10	+14	+24	−2 $+\Delta$		−9 $+\Delta$	−9	−17 $+\Delta$	0
40	50	+320	+180	+130		+80	+50		+25		+9	0		+10	+14	+24	−2 $+\Delta$		−9 $+\Delta$	−9	−17 $+\Delta$	0
50	65	+340	+190	+140		+100	+60		+30		+10	0		+13	+18	+28	−2 $+\Delta$		−11 $+\Delta$	−11	−20 $+\Delta$	0
65	80	+360	+200	+150		+100	+60		+30		+10	0		+13	+18	+28	−2 $+\Delta$		−11 $+\Delta$	−11	−20 $+\Delta$	0
80	100	+380	+220	+170		+120	+72		+36		+12	0		+16	+22	+34	−3 $+\Delta$		−13 $+\Delta$	−13	−23 $+\Delta$	0
100	120	+410	+240	+180		+120	+72		+36		+12	0		+16	+22	+34	−3 $+\Delta$		−13 $+\Delta$	−13	−23 $+\Delta$	0
120	140	+460	+260	+200		+145	+85		+43		+14	0		+18	+26	+41	−3 $+\Delta$		−15 $+\Delta$	−15	−27 $+\Delta$	0
140	160	+520	+280	+210		+145	+85		+43		+14	0		+18	+26	+41	−3 $+\Delta$		−15 $+\Delta$	−15	−27 $+\Delta$	0
160	180	+580	+310	+230		+145	+85		+43		+14	0		+18	+26	+41	−3 $+\Delta$		−15 $+\Delta$	−15	−27 $+\Delta$	0
180	200	+660	+340	+240		+170	+100		+50		+15	0	偏差$=\pm\frac{IT_n}{2}$，式中 IT_n 是 IT 值数	+22	+30	+47	−4 $+\Delta$		−17 $+\Delta$	−17	−31 $+\Delta$	0
200	225	+740	+380	+260		+170	+100		+50		+15	0		+22	+30	+47	−4 $+\Delta$		−17 $+\Delta$	−17	−31 $+\Delta$	0
225	250	+820	+420	+280		+170	+100		+50		+15	0		+22	+30	+47	−4 $+\Delta$		−17 $+\Delta$	−17	−31 $+\Delta$	0
250	280	+920	+480	+300		+190	+110		+56		+17	0		+25	+36	+55	−4 $+\Delta$		−20 $+\Delta$	−20	−34 $+\Delta$	0
280	315	+1050	+540	+330		+190	+110		+56		+17	0		+25	+36	+55	−4 $+\Delta$		−20 $+\Delta$	−20	−34 $+\Delta$	0
315	355	+1200	+600	+360		+210	+125		+62		+18	0		+29	+39	+60	−4 $+\Delta$		−21 $+\Delta$	−21	−37 $+\Delta$	0
355	400	+1350	+680	+400		+210	+125		+62		+18	0		+29	+39	+60	−4 $+\Delta$		−21 $+\Delta$	−21	−37 $+\Delta$	0
400	450	+1500	+760	+440		+230	+135		+68		+20	0		+33	+43	+66	−5 $+\Delta$		−23 $+\Delta$	−23	−40 $+\Delta$	0
450	500	+1650	+840	+480		+230	+135		+68		+20	0		+33	+43	+66	−5 $+\Delta$		−23 $+\Delta$	−23	−40 $+\Delta$	0
500	560					+260	+145		+76		+22	0					0		−26		−44	
560	630					+260	+145		+76		+22	0					0		−26		−44	
630	710					+290	+160		+80		+24	0					0		−30		−50	
710	800					+290	+160		+80		+24	0					0		−30		−50	
800	900					+320	+170		+86		+26	0					0		−34		−56	
900	1000					+320	+170		+86		+26	0					0		−34		−56	
1000	1120					+350	+195		+98		+28	0					0		−40		−66	
1120	1250					+350	+195		+98		+28	0					0		−40		−66	
1250	1400					+390	+220		+110		+30	0					0		−48		−78	
1400	1600					+390	+220		+110		+30	0					0		−48		−78	
1600	1800					+430	+240		+120		+32	0					0		−58		−92	
1800	2000					+430	+240		+120		+32	0					0		−58		−92	
2000	2240					+480	+260		+130		+34	0					0		−68		−110	
2240	2500					+480	+260		+130		+34	0					0		−68		−110	
2500	2800					+520	+290		+145		+38	0					0		−76		−135	
2800	3150					+520	+290		+145		+38	0					0		−76		−135	

注　1. 公称尺寸小于或等于1mm时，基本偏差A和B及大于IT8的N均不采用。公差带JS7至JS11，若IT$_n$值数

　　2. 对小于或等于IT8的K、M、N和小于或等于IT7的P至ZC，所需Δ值从表内右侧选取。例如，18～30mm 250mm～315mm段的M6；ES＝−9μm（代替−11μm）。

(GB/T 1800.2—2009)

μm

差数值
差 ES　　　　　　　　　　　　　　　　　　　　Δ值

≤IT7	标准公差等级大于IT7												标准公差等级					
P至ZC	P	R	S	T	U	V	X	Y	Z	ZA	ZB	ZC	IT3	IT4	IT5	IT6	IT7	IT8
在大于 IT7 的 相应数值上增加一个 Δ值	−6	−10	−14		−18		−20		−26	−32	−40	−60	0	0	0	0	0	0
	−12	−15	−19		−23		−28		−35	−42	−50	−80	1	1.5	1	3	4	6
	−15	−19	−23		−28		−34		−42	−52	−67	−97	1	1.5	2	3	6	7
	−18	−23	−28		−33		−40		−50	−64	−90	−130	1	2	3	3	7	9
						−39	−45		−60	−77	−108	−150						
	−22	−28	−35		−41	−47	−54	−63	−73	−98	−136	−188	1.5	2	3	4	8	12
				−41	−48	−55	−64	−75	−88	−118	−160	−218						
	−26	−34	−43	−48	−60	−68	−80	−94	−112	−148	−200	−274	1.5	3	4	5	9	14
				−54	−70	−81	−97	−114	−136	−180	−242	−325						
	−32	−41	−53	−66	−87	−102	−122	−144	−172	−226	−300	−405	2	3	5	6	11	16
		−43	−59	−75	−102	−120	−146	−174	−210	−274	−360	−480						
	−37	−51	−71	−91	−124	−146	−178	−214	−258	−335	−445	−585	2	4	5	7	13	19
		−54	−79	−104	−144	−172	−210	−254	−310	−400	−525	−690						
	−43	−63	−92	−122	−170	−202	−248	−300	−365	−470	−620	−800	3	4	6	7	15	23
		−65	−100	−134	−190	−228	−280	−340	−415	−535	−700	−900						
		−68	−108	−146	−210	−252	−310	−380	−465	−600	−780	−1000						
	−50	−77	−122	−166	−236	−284	−350	−425	−520	−670	−880	−1150	3	4	6	9	17	26
		−80	−130	−180	−258	−310	−385	−470	−575	−740	−960	−1250						
		−84	−140	−196	−284	−340	−425	−520	−640	−820	−1050	−1350						
	−56	−94	−158	−218	−315	−385	−475	−580	−710	−920	−1200	−1550	4	4	7	9	20	29
		−98	−170	−240	−350	−425	−525	−650	−790	−1000	−1300	−1700						
	−62	−108	−190	−268	−390	−475	−590	−730	−900	−1150	−1500	−1900	4	5	7	11	21	32
		−114	−208	−294	−435	−530	−660	−820	−1000	−1300	−1650	−2100						
	−68	−126	−232	−330	−490	−595	−740	−920	−1100	−1450	−1850	−2400	5	5	7	13	23	34
		−132	−252	−360	−540	−660	−820	−1000	−1250	−1600	−2100	−2600						
	−78	−150	−280	−400	−600													
		−155	−310	−450	−660													
	−88	−175	−340	−500	−740													
		−185	−380	−560	−840													
	−100	−210	−430	−620	−940													
		−220	−470	−680	−1050													
	−120	−250	−520	−780	−1150													
		−260	−580	−840	−1300													
	−140	−300	−640	−960	−1450													
		−330	−720	−1050	−1600													
	−170	−370	−820	−1200	−1850													
		−400	−920	−1350	−2000													
	−195	−440	−1000	−1500	−2300													
		−460	−1100	−1650	−2500													
	−240	−550	−1250	−1900	−2900													
		−580	−1400	−2100	−3200													

是奇数，则取偏差=±$\dfrac{IT_{n-1}}{2}$。

段的K7，Δ=8μm，所以 ES=−2+8=+6μm；18～30mm 段的S6，Δ=4μm，所以 ES=−35+4=−31μm。特殊情况：

参 考 文 献

[1] 黄洁. 机械制图与 CAD. 北京：科学出版社，2009.

[2] 林党养，等. 机械制图与 CAD. 北京：中国电力出版社，2008.

[3] 车世明. 机械制图（少学时）. 北京：清华大学出版社，2010.

[4] 胡建生. 机械制图（少学时）. 北京：机械工业出版社，2009.

[5] 钱可强. 机械制图. 2 版. 北京：高等教育出版社，2007.

[6] 张培训，李玉保. 机械制图. 太原：黄河水利出版社，2009.

[7] 杨铭. 机械制图. 2 版. 北京：机械工业出版社，2011.

[8] 林党养. AutoCAD2008 机械绘图. 北京：人民邮电出版社，2009.

[9] 林党养. AutoCAD 电力绘图. 北京：中国电力出版社，2009.

[10] 唐建辉. 电力系统自动装置. 北京：中国电力出版社，2005.

[11] 齐新丹. 互换性与测量技术. 2 版. 北京：中国电力出版社，2011.